低碳生态城乡规划
技术方法进展与实践

张　泉　叶兴平　陈国伟
何常清　许　景　周　文　编著

中国建筑工业出版社

图书在版编目（CIP）数据

低碳生态城乡规划技术方法进展与实践／张泉等编
著. —北京：中国建筑工业出版社，2016.12
　ISBN 978-7-112-20081-8

　Ⅰ.①低…　Ⅱ.①张…　Ⅲ.①城市规划—生态规划—
研究—中国　Ⅳ.①X321.2

　中国版本图书馆CIP数据核字（2016）第273502号

责任编辑：焦　扬　陆新之
责任校对：陈晶晶　党　蕾

低碳生态城乡规划技术方法进展与实践

张　泉　叶兴平　陈国伟
何常清　许　景　周　文　编著

*
中国建筑工业出版社出版、发行（北京海淀三里河路9号）
各地新华书店、建筑书店经销
北京京点图文设计有限公司制版
北京方嘉彩色印刷有限责任公司印刷
*
开本：850×1168毫米　1/16　印张：10¾　字数：245千字
2017年3月第一版　2017年3月第一次印刷
定价：68.00元
ISBN 978-7-112-20081-8
　　　　（29531）

前　言

　　我国经济发展进入新常态，要求城乡建设从粗放式发展向注重内涵式提升，低碳生态发展作为内涵式发展的新方式、新路径，日益得到重视和推广落实。截至 2014 年年底，全国生态市（县、区）94 个，低碳城市试点 36 个，绿色生态示范城区 19 个，而地方以低碳生态命名的城区达到 200 多个，以低碳生态为理念的工程建设更是不计其数，低碳生态城建设在全国形成热潮，低碳生态发展理念也逐步深入人心。

　　同时，低碳生态发展逐步形成以"规划为龙头"的共识。近年来编制的区域规划、城镇总体规划、详细规划以及专项规划等普遍重视低碳生态内容，涉及发展容量确定、产业体系构建、空间布局优化、生态系统构建、绿色交通体系、资源节约利用、节能减排控制等低碳生态规划要素，并通过规划管控加以落实和实施。但是，融入了众多低碳生态要素的规划编制，其科学性如何、生态效益如何评价等问题日益凸显，有必要对低碳生态城乡规划技术方法进行深入研究，从而提升规划成果的合理性、科学性和可行性。

　　本书重点从技术方法层面对我国低碳生态城乡规划的研究与应用进展进行阐述，尝试对我国低碳生态城乡规划技术方法的体系进行细分，归纳总结国内外各项技术方法的已有研究，探讨技术方法的实践应用，以期更好地应用于低碳生态城乡规划的编制。

作者
2016 年 6 月

目 录

第一章　近年来低碳生态发展概况

近年来，低碳生态持续得到普遍重视，在学术探索、建设实践等方面取得了广泛进展。

一、学术研究概况

（一）论文数量：研究活动整体回归理性

根据中国城市规划知识仓库 CCPD 期刊库和硕博论文库检索平台，以"低碳"为关键字在篇名中进行检索，可以发现低碳类研究总体上回归理性，2010 年前后低碳类研究呈井喷式发展态势，但更多的是对理念的阐述和介绍，近年来低碳类研究更加注重在实践中的应用和融合（表 1-1）。

近五年"低碳"期刊论文和硕博论文数　　　　　　表 1-1

年份	检索平台	检索项	检索词	期刊论文数	硕博论文数
2010	中国城市规划知识仓库 CCPD 期刊库和硕博论文库	篇名	低碳	3107	30
2011				2441	103
2012				1586	139
2013				1024	103
2014				1108	67

对 2014 年低碳期刊论文进行检索，共有 1108 篇，见表 1-1。单独对期刊论文中的"规划类"低碳期刊论文进行统计（这里的"规划类"特指城乡及城乡规划理念、规划设计、城市建设规划管理等类别），2014 年低碳期刊论文规划类为 230 篇，占总数的 20.8%。从核心期刊的论文数比较可以看出（图 1-1），生态经济、资源环境类核心期刊对低碳的研究较多，规划类核心期刊占比不大，低碳规划研究尚属于小众群体。

（二）论文选题：集中在理念和规划设计

对 2014 年 230 篇"规划类"低碳期刊论文进行选题分类，按城乡发展及城乡规划理念、规划设计、城乡建设及规划管理等 3 大类，细分 12 小类进行统计（图 1-2）。大类中规划设计占比最大，为 77%，其次是城乡发展及城乡规划理念；小类中专业规划占比最大，为 52%，其次是城乡发展理念，再次是城乡规划理念和方法。可以看出，"规划类"低碳期刊论文，更多关注发展理念和规划设计，其中关于城市给水排水、供电、通信、供热、燃气等市政规划以及园林、绿地、环境保护等专业规划对低碳的关注最多。这一板块能与低碳发展的低能耗、低排放、低污染理念产生直接关系，容易考量，因此最受重视。

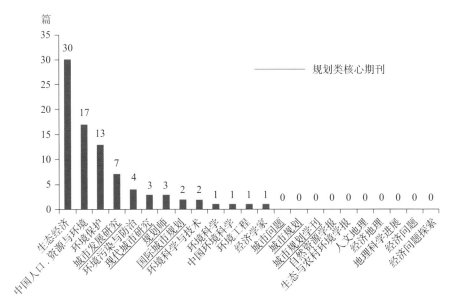

图1-1 2014年中国城市规划知识仓库CCPD期刊库核心期刊低碳类论文分布

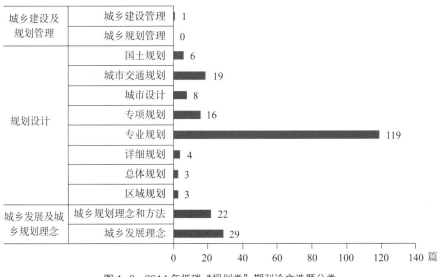

图1-2 2014年低碳"规划类"期刊论文选题分类

注:专业规划主要是城市给水排水、供电、通信、供热、燃气等市政规划以及园林、绿地、环境保护等规划;
专项规划主要是历史文化保护、旅游、风景区、居住区以及地下空间等规划。

对2014年低碳硕博论文进行检索,共为67篇,见表1-1。从论文的学科分类来看,环境与资源类占比最大,城乡规划类次之(图1-3)。对城乡规划类的硕博论文选题分析,亦是较多关注城乡规划理念和方法、专业和专项规划设计(图1-4)。与国外相比,立足于空间的低碳生态研究还有待进一步拓展。

■城乡规划 ■建筑工程 ■交通运输 ■环境与资源
图1-3 2014年低碳硕博论文选题分类

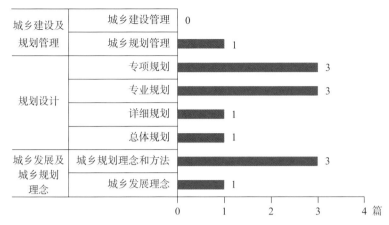

图1-4　2014年低碳城乡规划类硕博论文选题

（三）研究关注：新概念、新技术不断涌现

在理论（理念）研究方面，开始关注低碳生态的理论溯源以及低碳生态与其他理论的关系。唐震（2014）认为低碳生态发展应该从中国传统的哲学观点中提取理论渊源，以天人合一、平衡发展、整体和谐的价值观来指导我国的低碳生态城市建设[1]；王珍珍等（2014）探索了低碳城市发展与新制度经济学的关系，认为我国目前低碳生态发展过度注重正式制度如规划建设等政策法规和行动计划的影响，认为低碳城市不仅是技术的创新和制度的制定，更是价值观念、生活观念和消费观念的改变[2]。

在应用研究方面，对各层面的规划都进行了低碳编制探索，同时也开始涉及低碳生态的规划管理研究。叶祖达（2012）认为需从成本效益角度出发，对采取的低碳生态技术进行分析，选择适宜的技术应用于规划编制[3]；胡晓康（2012）认为需通过场地选址、用地布局、低碳交通、景观设计、绿色建筑、低碳技术等方面探索低碳居住区规划设计技术和方法[4]；还有专家学者通过绿地系统规划、交通规划、能源规划等专项规划，尝试低碳生态理念的融入[5-7]。郑宸（2014）通过确定控制性详细规划（以下简称"控规"）低碳生态核心指标体系，参考相关的低碳发展目标内容，确定厦门市土地出让的低碳规划指标，为落实低碳生态规划管理提供相关参考建议[8]。

在相关热点聚焦方面，目前出现的新态势、新技术主要有城市增长边界、海绵城市、清洁空气廊道、大数据与低碳生态发展等。关于城市增长边界，我国相关研究主要集中在以下研究层面：国外借鉴研究，集中于美国如波特兰的发展经验[9-10]；我国城市增长边界的现状研究，指出目前我国城市增长边界存在内涵界定不统一，增长边界线对未来发展的适应性研究匮乏等问题[11-12]；城市增长边界的模型研究，如土地消费内生化、城市蔓延测度等[13-14]；城市增长边界的实践研究，集中在基于地方特色的探索，例如杭州、镇江、平顶山等[15-17]。关于海绵城市的研究主要集中在：探索海绵城市的内涵，明晰落实途径等[18]；分析海绵城市的建设要点，包括控制目标、规划落实、工程建设等[19]；指出海绵城市建设中的若干问题，从概念理解、系统关系和规划设计等方面找寻存在的不足[20]。关于清洁空气廊道，主要集中在：城市通风廊道及其规划策略研究，总结风道建设及组成，就风道设计在城市规划中不同层面的应用策略展开详细讨论[21]；以西安市、长沙市、广州市白云新城等为例，城市清洁空气廊道实践探索研究提出通风廊道的规划方法，包括宽度、走向、开敞空间等[22-24]。关于大数据与低碳生态发展，主要集中在：大数据时代下的都市节能战略研究，包括建立建筑信息能耗监测平台，提升城市节能水平[25]；基于大数据的智慧城市环境气候图研究，建立统一空间地理信息系统基础，构建城市气候分析图和城市气候规划建议图[26]；大数据方法对于缓解城市交通拥堵的分析研究，利用大数据和云计算构建全样本交通运行监测与模拟系统，建设拥堵实施评价系统，改善城市拥堵[27]。

（四）小结

近年来，低碳生态类研究总体上从初始的广泛参与的热情开始转向更加聚焦深层次研究，更加注重解决实际问题，在专项领域开始进行广泛的研究应用；低碳生态类的新理念、新技术不断涌现，密切结合当前经济社会发展和城镇化进程中的热点问题、难点问题，如城市增长边界、海绵城市、清洁空气廊道以及大数据的发展等，进一步拓展了低碳生态研究的广度和深度，增加了低碳生态发展的活力，提升了低碳生态规划的质量。

二、实践动态概况

（一）政策方针制定：形成国家和地方两级体系

1. 国家层面

1）政策导向

目前国家制定了相关的顶层设计规划，从宏观全局出发引导低碳生态发展。《国家新型城镇化规划（2014—2020年）》于2014年3月正式发布，在推进新型城市建设方面，提出将生态文明理念全面融入城市发展，构建绿色生产方式、生活方式和消费模式，加快绿色城市建设。将绿色能源、绿色建筑、绿色交通、产业园区循环化改造、城市环境综合治理、绿色生活等纳入绿色城市建设重点。2014年9月，国务院批复了《国家应对气候变化规划（2014—2020年）》，这是我国应对气候变化领域的首个国家专项规划。规划提出到2020年，控制温室气体排放行动目标全面完成，单位国内生产总值二氧化碳排放比2005年下降40%～45%，非化石能源占一次性能源消费的比重降低到15%左右，全国碳排放交易市场逐步形成。

2）技术要求

为了应对新形势下的低碳生态建设，相关部委制定了一系列技术指南。例如2014年11月，住房和城乡建设部发布《海绵城市建设技术指南——低影响开发雨水系统构建（试行）》，提出了海绵城市建设——低影响开发雨水系统构建的基本原则，规划控制目标分解、落实及其构建技术框架，明确了城市规划、工程设计、建设、维护及管理过程中低影响开发雨水系统构建的内容、要求和方法。2015年2月，国家发改委发布《低碳社区试点建设指南》，共有 10 类一级指标和 46 个二级指标，其中约束性指标 25 个，指导性指标 21 个，覆盖社区低碳规划、建设、运营管理的全过程。

3）资金支持

为促进低碳生态发展，相关部委对低碳生态的创建提供相应的资金支持。例如住房和城乡建设部批准的全国绿色生态示范城区，将授予每个项目 5000 万 ~ 8000 万元的补贴资金，2014 年财政部发布的《关于开展中央财政支持海绵城市建设试点工作的通知》，对海绵城市建设试点给予专项资金补助，连续补助 3 年，具体补助数额按城市规模分档确定，直辖市每年 6 亿元，省会城市每年 5 亿元，其他城市每年 4 亿元。

2. 地方层面

1）低碳发展规划

不少城市制定了本市的低碳发展规划，为低碳发展指明方向，确定任务。例如青岛市低碳发展规划（2014—2020 年）：到 2020 年，单位生产总值 CO_2 排放比 2005 年下降 50%，非化石能源占一次性能源消费比重达到 8%，力争达到 CO_2 排放峰值；苏州市低碳发展规划（2014—2020 年）：到 2017 年，人均 CO_2 排放量达到峰值，并控制峰值在 15t/人以下，力争 2020 年 CO_2 排放总量达到峰值，2020 年温室气体排放强度比 2005 年下降达到 54%；晋城市低碳发展规划（2013—2020 年）：到 2020 年，实现单位地区生产总值 CO_2 排放强度较 2005 年累计下降 57% 以上等。

2）导则、指引和指标体系

不少省和城市制定了导则、指引及相关的指标体系，为低碳生态落实提供了技术支撑。例如广东省出台了《城市低碳生态建设规划编制指引》《绿色生态城区规划建设指引》，福建省出台了《"提高城市透水率"专项行动技术指南（试行）》，湖北省出台了《绿色生态城区示范技术指标体系（试行）》，重庆市出台了《绿色低碳生态城区评价指标体系（试行）》，安徽省出台了《绿色生态城区指标体系（试行）》等。

3）实施评估

部分城市对已开展的低碳生态建设进行了实施评估，总结已有经验，分析存在问题，进行优化提升。例如深圳光明新区进行了国家低碳生态示范区建设评估，以目标和措施评估为主，对绿色空间、绿色交通、绿色市政、绿色建筑、产业发展和重点片区的低碳生态建设实施评估；苏州工业园区进行了低碳生态下的总体规划实施评估，分为产业发展、总体布局、交通体系、生态建设、资源利用和节能减排六大板块进行评价和反思，以效益评估为主，并提优化策略和措施，将低碳生态融入空间规划内容体系。

综上所述，国家和各省主要出台各类宏观指导的政策及目标体系，而城市重点关注对相关要求进行具体落实。

（二）低碳生态城市试点：类型多样，涉及不同层面

1. 国家各部委低碳生态试点

国家各部委为落实低碳生态发展，从市、县、区、小城镇等诸多层面进行了多种发展试点建设，其中环保部侧重生态市县、生态文明、生态工业等试点，发改委侧重低碳

省市、循环经济等试点，住房和城乡建设部侧重绿色生态城区、小城镇等试点，能源局侧重新能源示范城市等试点，同时也有多部门联合推出的生态文明、低碳工业以及海绵城市等试点（表1-2）。

各部委低碳生态试点（2014年底）　　　　　　　　　　　　　　　表1-2

部委	名称	数量（个）
环保部	国家生态市（县、区）	94
	国家生态文明建设示范区	37
	国家级生态示范区	528
	国家生态工业示范园区	26
发改委	低碳省区试点	6
	低碳城市试点	36
	国家循环经济示范城市（县）	40
住房和城乡建设部	绿色生态示范城区	19
	绿色低碳重点小城镇试点	7
能源局	新能源示范城市	81
	新能源产业园区	8
	APEC低碳示范城镇	27
发改委、财政部、国土部、水利部、农业部、林业局	国家生态文明先行示范区	55
工信部、发改委	国家低碳工业园区试点	55
财政部、住房和城乡建设部、水利部	海绵城市建设试点城市	16

注：相关数据来自各部委官方网站。

2. 中外合作的低碳生态试点城市

目前我国低碳生态试点国际合作开展广泛，各类试点城市中，不仅有针对城市多个方面进行低碳生态发展的综合试点，也有专门针对绿色建筑、水资源利用等的专项试点，以借鉴国外低碳生态发展的先进理念和先进技术（表1-3）。

中外合作低碳生态项目（2014年底）　　　　　　　　　　　　　　表1-3

国别	个数	试点城市（项目）
中国—欧盟低碳生态城市合作项目专项试点示范城市	综合试点城市2个	珠海市、洛阳市
	专项试点城市8个	常州市、合肥市、青岛市、威海市、株洲市、柳州市、桂林市、西咸新区沣西新城
中美低碳生态试点城市	6个	廊坊市、潍坊市、日照市、鹤壁市、济源市、合肥市
中德低碳生态试点示范城市	6个	海门市、宜兴市、张家口市、青岛市、烟台市、乌鲁木齐市
中国—新加坡合作项目	5个	中新天津生态城、苏州中新生态科技城、中新南京生态岛、张掖新加坡生态城、中新曲阜文化生态城

续表

国别	个数	试点城市（项目）
中国—芬兰合作项目	4个	中芬丹阳数字生态城、中芬共青数字生态城、门头沟中芬生态谷、准格尔旗高科技生态城
中国—瑞典合作项目	3个	唐山湾生态城、潍坊瑞典生态城、无锡中瑞低碳生态城
中国—日本合作项目	1个	东营中日生态城
中国—丹麦合作项目	1个	张家港中丹合作生态城
中国—澳大利亚合作项目	1个	淮安中澳盱眙生态城

注：相关资料来自互联网收集。

3. 地方低碳生态城区创建

对地方以低碳生态命名的城区进行统计，可以看出地方打造低碳生态城区热情高涨，从分布来看，东中部省份开展较多，环渤海湾经济圈和泛珠三角经济圈最为密集（表1-4，图1-5）。

部分省级行政区以低碳生态命名的城区（2014年底）　　　表1-4

省级行政区	数量（个）	生态城名称	省级行政区	数量（个）	生态城名称
山东	23	齐河黄河国际生态城、东营牛庄低碳生态示范镇、东营中日生态城、青岛国际生态智慧城、青岛世园生态都市新区、青岛北卓达生态产业新城、济宁北湖生态新城、曲阜文化生态新城、邹城生态科技新城、烟台牟平滨海生态城、德州市南部生态新区、即墨鳌洲湾世界海洋生态城、烟台东部滨海生态新城、潍坊卓达生态新城、潍坊市环青墩湖生态经济区、潍坊瑞典生态城项目、东营生态新城、金乡县生态新城、烟台莱山区南部生态新城、利津县南部生态新城、德城区南部生态新区、德州黄河生态城、泗北生态新城	湖南	21	长沙天心生态新城、长沙永州生态新城、长沙芙蓉生态新城、株洲市枫溪生态城、长沙洋湖生态新城、岳阳生态示范区、株洲神农生态城、株洲清水湖生态新城、株洲市梅子湖生态新城、常德柳叶湖低碳生态城、冷水江城东生态城、佘湖山生态新城、华容县田家湖生态城、华容县田家湖生态新区、湘阴县东湖生态新城、郴州市小埠南岭生态城、湘潭市九华生态国际新城、永州市零陵区生态新城、长沙县三一·春华生态新城、怀化中方生态城、衡山岭峰生态城
广东	18	深圳光明新城、深圳坪山新区、广州南沙滨海生态新城、广州荔湾区花地生态城、广州东部山水新城、广州海珠生态城、佛山广佛生态新城、佛山云浮新区、东莞保利生态城、东莞沙田滨港生态新城、广晟生态城、博罗县香江国际旅游生态城、顺德西部生态产业新区、揭阳中德金属生态城、汕头西部生态新城、珠海市西部生态新城、肇庆新区中央绿轴生态城、惠州宝能生态城	辽宁	15	沈阳联合国生态示范城、沈阳鹿岛生态城、沈阳市沈北新区、沈阳铁西滨河生态新城、鞍山新城南综合生态城、沈抚高坎生态城、丹东市花园温泉综合生态城、营口百里滨海生态城、辽阳河东生态城、盘锦市绿地生态城、本溪生态新城、大连阳光生态城、大洼温泉生态新城、浑南新区柏叶生态新城、盘锦辽河口生态新城

省级行政区	数量（个）	生态城名称	省级行政区	数量（个）	生态城名称
湖北	15	武汉五里界生态城、武汉花山生态城、武汉青菱生态新城、武汉四新生态新城、武汉后官湖生态宜居新城、武汉梧桐湖创意生态新城、武汉大光谷南部生态新城、咸宁梓山湖生态新城、咸宁温泉旅游生态新城、咸宁河背湿地生态新城、子胥湖生态新区、十堰生态滨江新区、襄阳连山湖国际生态新城、广水马都司生态新城、黄石大冶湖生态新区	河北	13	石家庄正定新区、唐山市曹妃甸国际生态城、唐山湾新城、唐山南湖生态城、秦皇岛北戴河新区、沧州黄骅新城、涿州生态宜居示范基地、廊坊万庄生态城、衡水市衡水湖生态新城、怀来县怀来生态新城、香河县运河国际生态城、冀州西部生态新城、京北生态新区
江苏	13	无锡中瑞低碳生态城、无锡市太湖新城生态城、中新南京生态岛、徐州鼓楼绿色生态城、苏州西部生态城、扬州蜀冈生态城、淮安生态新城、淮安中澳盱眙生态城、宝应生态新城、扬州生态科技新城、泗阳城南生态新城、张家港中丹合作生态城、中芬丹阳数字生态城	江西	10	南昌空港生态新城、南昌红角洲生态新城、新余市袁河生态新区、新余仰天岗国际生态新城、九江生态新城、芦溪西部生态城、共青数字生态城、南湖瑶湖生态科技新城、信丰县城南生态新城、余江县生态新城
福建	8	厦门集美生态城、泉州金井生态城、漳州滨水湾生态城、龙岩蓝田闽台生态旅游、晋江围头湾生态城、南平建阳西区生态城、南安市海峡科生态城、海西三明生态工贸区（生态城）	吉林	8	长春卡伦滨湖生态新城、长春净月生态新城、珲春生态新城、沈抚生态新城、四平东南生态新城、白城市生态新区、梅河口南山生态城、通化市生态新城
四川	7	成都中新生态城、成都沙河源生态新区、简阳三岔湖海峡生态城、自贡市南湖生态城、彭州中华蝴蝶生态城、成都麓湖生态城、自贡卧龙湖国际盐泉生态城	河南	7	郑州华福国际生态城、郑州新田生态文化新城、郑州二七生态文化新城、新乡黄河生态城、鹤壁市南山文化生态城、信阳市平桥生态城、鹤岗市鹤西生态新城
黑龙江	7	大庆卫星生态城、鹤岗鹤西生态新城、鹤岗市松鹤生态新区、安达市北湖生态新区、甘南县生态工业新区、大庆长龙湖产业生态城、佳木斯三江生态城	重庆	5	重庆两江新区生态城、重庆悦来生态城、重庆翠湖生态城、重庆万州生态城、合川小安溪生态城
山西	5	阳泉新北区生态新城、朔州神泉生态新城、朔州市平鲁区环城生态新区、山阴县桑干河生态新区、运城东部生态新区	云南	5	昆明呈贡低碳生态城、昆明官渡文化生态新城、大理洱海国际生态城、玉溪生态文化新区、云南凤龙湾国际旅游生态城
浙江	4	杭州白马湖生态创意城、宁波象山大目湾生态城、长兴县西太湖科教生态城、海盐滨海新城	安徽	4	合肥滨湖新城、马鞍山长江湿地公园生态城、阜阳宜居生态城、六安市西部生态新区

续表

省级行政区	数量（个）	生态城名称	省级行政区	数量（个）	生态城名称
陕西	4	渭南渭河南岸生态新城、西安浐灞生态区、安康市月河生态新城、宝鸡卓达蟠龙生态产业新城	北京	4	门头沟中芬生态谷、丰台长辛店生态城、北京海淀北部生态科技新区、丰台永定河生态文化新区
新疆	4	吐鲁番新城、新疆五家渠青湖生态经济开发区、青湖生态城、石河子南山新区生态城	贵州	4	贵阳百花生态新城、贵阳花溪生态新城、贵阳南江国际生态城、贵阳中铁国际生态城
海南	3	东尖峰国际生态城、博鳌乐城低碳生态城、海南生态科技新城	上海	3	崇明东滩生态城、南桥生态新城、桃浦低碳生态城
内蒙古	3	鄂尔多斯生态卫生城镇项目、准格尔旗高科技生态城、呼伦贝尔中电草原生态城	天津	1	滨海新区中新天津生态城
广西	1	防城港上思祥龙国际生态城	甘肃	1	张掖新加坡生态城
宁夏	1	华夏河图生态城			

注：低碳生态城区相关名称来自互联网搜索，其中包含中外合作低碳生态项目以及住房和城乡建设部的绿色生态示范城区项目。

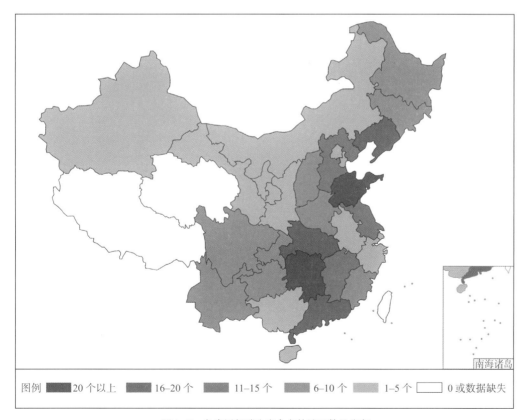

图例 ■20个以上 ■16-20个 ■11-15个 ■6-10个 ■1-5个 □0或数据缺失

图1-5 各省以低碳生态命名的城区数量分布

9

（三）小结

总体来看，国家和地方均在积极、切实地推进低碳生态的发展。组织方式方面，国家各部委的低碳生态试点推动和地方的低碳生态城区建设已成为目前国内低碳生态实践的主要方面；实践内容方面，既涉及低碳生态的专项内容，例如生态工业园区、新能源示范、海绵城市建设等，也有包含综合性内容的低碳省区、城市试点、生态市、绿色生态示范城区等；技术支持方面，低碳生态技术在持续探索过程中，出台了若干全国层面的技术指导意见，地方在自身实践基础上，也积极与国外联合探索，吸收国外的先进技术经验；管理落实方面，初步形成了以指标体系为框架的管理架构，低碳生态各项要求已逐步结合规划管理进行了落实。

与此同时，低碳生态实践也存在着一定的问题。低碳生态成为新城开发的重要手段，造成部分低碳生态城区规模偏大，存在利用生态城名义进行圈地的风险；生态城建设未结合城市发展的阶段，生态建设成本过高，难以形成可复制、可推广的经验；生态城缺乏完善的效益评估手段，数据统计体系不健全，整体环境效益难以评估；同时生态城实施管理还有待完善，出现规划与实施脱节，使得规划难以有效实施等问题。

第二章 低碳生态城乡规划技术方法定义和分类

一、低碳生态城乡规划技术方法的定义

传统的城乡规划技术方法本身既包括了低碳生态的导向和要素，在突出低碳生态发展方式的新形势下，原有的这些要素出现独立分化、强化和优化，也出现了很多新的导向和要素。本书试图在此基础上，细化分析城乡规划的低碳生态技术方法作用特点，进而对低碳生态城乡规划技术方法概念内涵进行探讨。

（一）低碳生态技术方法

国内外对于生态技术的概念尚未形成一致定义，宽泛来说，能够发挥节约资源、保护环境的作用，与生态平衡相协调的手段和方法都可视作生态技术。生态技术通常被认为是"利用生态系统原理和生态设计原则，对系统从输入到转换关系与环节、直到输出的全部过程进行合理设计，达到既合理利用资源，获得良好的经济及社会效益，又将生产过程对环境的破坏降低至最低水平"[28]。生态技术主要可分为节约消耗技术、资源再生技术、污染治理技术等，节约消耗技术旨在减少进入生产和消费过程的物质量，它要求用较少的原料和能源投入，主要应用于工业、建筑、交通等领域；资源再生是涉及环境保护和社会可持续发展的重要问题，再生技术能有效处理和利用废金属、残渣、粉尘、催化剂、废液、废水、废气等工业废料以及部分人类生活垃圾；污染治理技术是基础的生态技术，是指在生产全过程预防及治理污染，防止生产及产品废弃物中的有害物质损害人体及环境健康的技术，包括狭义的环境保护技术、污染治理、预防、监测技术等。

低碳技术泛指能够有效控制温室气体排放、提高能源和资源利用效率、降低碳排放强度的技术，涉及电力、交通、采矿、化工、钢铁冶炼、建筑等多个领域和部门。低碳技术主要可分为清洁能源技术、节能减排技术、碳处理技术等。清洁能源技术主要指不排放或者是极少排放污染物的无碳技术，一般有太阳能、风能、水能、生物质能、地热能、氢能和核能等绿色能源技术；节能减排技术是指通过提高能源的使用效率来尽可能地降低二氧化碳排放强度的减碳技术，主要包括煤、石油、天然气等常规能源的高效、清洁利用等，也包括绿色能源节约利用的技术；碳处理技术，主要是对排放的二氧化碳进行捕存和回收再利用，以降低大气中碳含量为目的的技术，主要包括二氧化碳的分离和捕获、二氧化碳的运输、二氧化碳的封存和再利用等。

（二）低碳生态城乡规划技术方法的定义

低碳生态城乡规划技术方法的应用目的与低碳生态技术方法一致，即通过有效的合理设计，发挥节约资源、保护环境以及减少碳排的作用，积极、合理、有效地利用清洁能源。同时城乡规划的核心作用导向，即统筹安排城乡发展建设空间布局，利用空间配置优化城市规模、产业、用地、交通、生态以及资源利用等要素。城乡规划不仅要促进实现节能减

排、保护环境目标，同时还要统筹经济社会发展及其空间安排落实，以达到城乡经济、社会、环境等可持续发展。当前，国内外对于低碳生态城乡规划技术方法的定义、概念涉及较少，本书在以上分析的基础上将低碳生态城乡规划技术方法定义为：为节约资源、保护环境以及减少碳排，促进城乡经济、社会、环境等可持续发展，提高城乡规划要素空间配置科学性的手段和方法。

二、低碳生态城乡规划要素与技术方法应用的关系

（一）低碳生态城乡规划要素

结合笔者等所著的《低碳生态与城乡规划》[29]一书，城乡规划的低碳生态要素主要包括发展容量确定、产业体系构建、空间布局优化、生态系统构建、绿色交通体系、资源节约利用、节能减排控制等7个方面，见表2-1。

低碳生态城乡规划要素及主要内涵   表2-1

低碳生态城乡规划要素	主要内涵
发展容量确定	对环境质量、生态系统、资源等自然要素不造成破坏的前提下该地区所能承载的最大发展强度，包括人口数量、建设规模、活动强度等
产业体系构建	综合运用生态经济规律，贯彻循环经济理念，利用一切有利于产业经济、生态环境协调发展的现代科学技术，协调整个产业生态经济系统的结构和功能，促进系统物质流、信息流、能量流和价值流的合理运转，确保系统稳定、有序、协调发展
空间布局优化	通过完善用地生态适宜评价、促进空间结构和用地功能优化以及调控开发强度来达到生态适宜、交通减量、土地节约的目的
生态系统构建	通过保障生态空间适宜总量、优化生态空间布局、提高生态效益等合理构建生态系统，维护及改善城市生态环境
绿色交通体系	以低碳生态为目标导向的交通发展理念和模式，致力于减少交通拥堵、降低能源消耗、促进环境友好、节约建设维护费用，进而构建以公共交通为主导的城市综合交通系统
资源节约利用	通过合理提高开发强度来节约土地资源，充分利用非常规水资源、加强节水等来节约水资源，加强回收、有效利用废物资源，最大限度地保护和利用有限资源
节能减排控制	完善新能源设施以及节能规划，制定完善的污染防治策略来落实

（二）要素与技术方法应用的关系阐述

从前文对低碳生态城乡规划技术方法的定义来看，低碳生态城乡规划技术方法需体现空间配置性要求，而低碳生态城乡规划的7个要素涉及的范围是超出城乡规划空间属性的，例如产业体系中的节能技术改造方法，生态系统中的生态修复技术方法，绿色交通中的新型交通技术，资源和节能减排中的土地资源、水资源、能源等利用技术方法等，这些都是有别于城乡规划学科本身的技术方法，属于低碳生态技术方法，而不能归于低碳生态城乡规划技术方法。低碳生态城乡规划要素与技术方法的关系如表2-2所示：

低碳生态城乡规划要素与技术方法的关系　　　表 2-2

低碳生态城乡规划要素	解决的低碳生态问题	与空间配置相关的技术方法主要内容	其他技术方法
发展容量确定	合理用地规模、合理人口规模	生态承载力、生态足迹确定用地和人口规模等	—
产业体系构建	减少产业能源消耗、充分利用企业废旧资源	产业合理布局形成循环经济体系或联系	产业的节能技术改造等
空间布局优化	用地布局优化减少环境影响，减少交通碳排，改善微气候	用地适宜性评价、用地与交通一体化、紧凑混合布局、基于微气候改善的空间形态优化等	—
生态系统构建	提高碳汇，增加生态系统安全性	生态格局优化、生态安全性保障	立体绿化、生态修复技术等
绿色交通体系	减少交通出行、减少小汽车出行	用地与交通一体化、小尺度街区、慢行格局优化	新型交通技术、新能源汽车技术等
资源节约利用	节约用地，节约水资源，促进废物资源利用	用地资源、水资源节约利用优化规划布局方案	再生水利用技术、雨水利用技术、固体废弃物利用技术
节能减排控制	节约能源，减少碳排和减少污染	节能、碳审核以及减少污染优化规划布局方案	太阳能技术、碳捕捉技术、污染防控技术等

三、低碳生态城乡规划的技术方法分类

根据以上低碳生态城乡规划要素与技术方法的关系，总结低碳生态城乡规划空间配置的重要问题，可以分为以下几个方面：

（一）城镇的合理规模问题

低碳生态城乡规划将城镇发展的合理规模问题作为首要问题，选择资源环境中处于短缺状态的要素，通常包括水资源、土地资源、环境生态资源等要素，根据城市的具体情况，因地制宜地对影响城镇发展的关键性制约要素或多要素综合评价进行门槛分析，即探讨对资源不造成破坏的前提下该地区所能承载的最大发展强度，根据设定的条件和目标，进行合理的资源容量承载力预测。

低碳生态城乡规划容量承载技术方法是指通过量化评估指标或综合测度对城市资源所能容纳的最大人口规模和经济规模阈值进行合理的预测，避免产生相应的生态环境问题。

（二）空间的科学利用问题

在城市空间发展中也存在着以下主要问题：一是拓展模式，城市建设盲目地向周边扩张布局，导致城镇建设用地无序蔓延，过度侵占了大量的优质耕地；二是尺度控制，机动车导向下的城市道路普遍以"直即是合理，宽即是强"的面貌示人，甚至形成一种在占地面积、红线宽度、建设规模上"去功能化"的纯粹攀比之风；三是功能分区，大部分城市地区功能相对单一仍是目前的现实，"现代主义"理念下机械的功能分区使城市丧失各种

活动交织重叠可能带来的活力已经成为普遍现象。

低碳生态城乡规划空间支撑技术方法是指应用相关合理科学的空间选择和空间构建等方法，将生态适宜、布局紧凑、公交引导、功能混合等理念融入城市空间发展中，完善空间布局，达到生态适宜、减碳低碳和环境舒适等目标。

（三）产业的循环布局问题

传统的产业布局，偏重于各个产业的分工和选址，产业之间的联系主要考虑生产配套，不考虑减少污染物的排放，更不利于废弃物的处理和综合利用。以绿色循环经济为导向的产业布局关注企业之间的产品循环关系、物流关系等，特别是关注生产废弃物的综合利用，在空间上进行合理布局，满足产品和资源的高效与循环利用，从而实现污染物最低限度的产生和排放。

低碳生态城乡规划产业布局技术方法是指从产业关联和产业共生角度，构筑循环产业链，同时应用相关空间测度方法进行合理布局，以达到减少产业能源消耗、循环利用资源的目的。

（四）生态的格局优化问题

一讲到生态，主要的判断标准就是绿地多、景观好，这种以视觉直观感受为主的理念一直贯穿于城市生态绿地规划，导致生态保护、生态效率与效益、碳氧平衡以及污染控制等核心生态内容常常被忽略。低碳生态城乡规划更加注重生态空间格局的容量和质量，强调生物多样性以及生态系统的整体健康和综合服务功能。

低碳生态城乡规划生态系统构建技术方法是指应用相关科学方法进行生态总量测算，借鉴相关模型优化生态结构，强调价值评估和健康评价，完善服务功能，以达到生态格局的科学合理确定。

（五）规划的方案比选问题

当前规划方案存在定性评价的不确定性和定量分析评价标准的不完善性等诸多问题，减弱了相关规划的科学性。低碳生态城乡规划强化相关情景分析技术和生态效益评价等定量化方案比选，旨在增加规划方案比选的科学性。

低碳生态城乡规划生态效益评估技术方法是指将生态效益与规划方案进行结合，比如碳排放的减少量、资源的节约量、污染的削减量等生态效益指标，通过量化评估来得到相关布局的优劣评估，以提高规划方案的低碳生态合理性。

综上所述，低碳生态城乡规划技术方法体系如表 2-3 所示：

低碳生态城乡规划技术方法体系分类 表 2-3

低碳生态城乡规划技术方法类别	解决的空间配置问题	主要内涵
容量承载技术方法	城镇的合理规模问题	通过量化评估指标或综合测度，对城市资源所能容纳的最大人口规模和经济规模阈值进行合理预测

续表

低碳生态城乡规划 技术方法类别	解决的空间配置问题	主要内涵
空间支撑技术方法	空间的科学利用问题	应用相关空间选择和空间构建等科学方法，将生态适宜、布局紧凑、公交引导、功能混合等理念融入城市空间发展
产业布局技术方法	产业的循环布局问题	从产业关联和产业共生角度，构筑循环产业链，同时应用相关空间测度方法合理布局相关产业、企业
生态系统构建技术方法	生态的格局优化问题	应用科学方法进行生态总量测算，借鉴生态格局模型优化生态结构，强调价值评估和健康评价，完善服务功能
生态效益评估技术方法	规划的方案比选问题	比较不同规划方案的生态效益，比如碳排的减少量、资源的节约量、污染的削减量等生态效益指标，通过量化分析比较评估方案的优劣

第三章　容量承载技术方法

人口不断增长和经济快速发展的同时，也带来了自然资源的耗竭与短缺、生物多样性破坏、水土流失、气候变化、环境污染等一系列负面效应，削弱了未来经济发展的资源与生态环境基础，降低了资源环境对人口的支撑能力，使人口与环境、资源之间的矛盾越来越尖锐。因此，需要通过资源环境承载能力引导城市发展规模，实现城市的可持续发展。

一、国内外研究综述

（一）主要研究状况

1. 国外主要研究状况

关于承载力研究的起源，最早可追溯到 1758 年法国经济学家奎士纳（Francois Quesnay）的《经济核算表》一书，该书讨论了土地生产力与经济财富的关系[30]。之后，马尔萨斯（T. Malthus）提出人口与粮食问题，使人们认识到自然因素对人口的限制作用[31]。Verhust 将马尔萨斯的理论用逻辑斯缔方程的形式表示出来，用容纳能力指标反映环境因素对人口增长的约束[32]。

直到 1921 年，人类生态学学者帕克（Park）和伯吉斯（Burgess）才确切提出了承载力（Carrying Capacity）的概念，即"某一特定环境条件下（主要指生存空间、营养物质、阳光等生态因子的组合）某种个体存在数量的最高极限"[33]。

针对资源环境综合承载力的研究，最早可追溯到 20 世纪 60 年代末至 70 年代初，由美国麻省理工学院的 D·梅多斯等学者组成的"罗马俱乐部"，利用系统动力学模型对世界范围内的资源（包括土地、水、粮食、矿产等）、环境与人的关系进行评价，构建了著名的"世界模型"，深入分析了人口增长、经济发展（工业化）同资源过度消耗、环境恶化和粮食生产的关系，并预测到 21 世纪中叶全球经济增长将达到极限。为避免世界经济社会出现严重衰退，该组织提出了经济的"零增长"发展模式[34]。

随着可持续发展理念成为世界共识，采用生态足迹（Ecological Footprint）模型测度人类对地球生态系统所产生的压力，以量化自然资源的承载力，成为近年来学者普遍利用的方法。加拿大哥伦比亚大学的里斯（W.E.Rees）于 1992 年提出生态足迹模型[35]，并于 1996 年和瓦克内盖尔（M.Wackernagel）进行改进[36]，其原理是基于土地面积的量化指标，可理解为"一只负载着人类与人类所创造的城市、工厂……的巨脚踏在地球上留下的脚印"。[37] 此后，大量学者应用生态足迹的理论和方法在国家和地区层面开展了实证研究[38-40]。更为深入、全面和系统的全球尺度的生态足迹分析研究，则是世界自然基金会（WWF）从 2000 年开始每两年发布一期的《绿色星球年度报告》（Living Planet Report），全面深入地跟踪计算分析了全球 150 个国家人类活动对自然的影响。

2. 国内研究状况

20 世纪 90 年代以来，随着承载力研究的不断深入，我国越来越多的学者认识到，资源或环境单要素承载力研究忽略了各承载因子之间的相互联系，很难处理复杂系统各影响因素之间的耦合关系，因此开始积极探讨资源环境综合承载力的理论和方法。

王学军提出了"地理环境人口承载潜力"，将其定义为"在一定时间、一定的空间内，在保持一定生活水准，并不使环境发生不可逆化的前提下，生产的物质和全体环境要素状况所能容纳的最大人口限度"，是由地理环境各要素和人类本身的数量、素质、分布、活动，以及区际间的人员、物质、能量、信息交流所决定的，并采用二级模糊综合评判方法，构建了评估指标体系[41]。刘殿生则探讨了城市资源与环境承载力的基本概念及计算方法，认为"资源与环境综合承载力"应包括自然资源变量、社会条件变量和环境资源变量[42]。毛汉英、余丹林提出以状态空间法作为研究区域承载力的基本方法，并指出应用状态空间法构建评价指标体系时，除遵循共同原则外，在指标选取时，还必须充分考虑承载体与受载体之间的互动反馈方式、强度、后效、潜力与相互替代等特点[43]。随着研究不断深入，对资源环境承载力的研究主要集中于单要素资源承载力研究。其中，土地资源和水资源等地区限制性要素成为热点。

随着生态足迹概念的引入，我国学者也采用生态足迹方法对不同尺度甚至不同行业的生态足国迹进行了研究。如赖力等对全国土地利用总体规划的目标进行了评价[44]，刘某承等对基于生态足迹的中国未来发展前景进行了模拟[45]，何蓓蓓采用生态足迹方法对江苏省经济增长与资源消耗之间的关系进行了实证研究[46]，吕红亮等[47]、熊春梅等[48]分别对抚顺市、黔东南苗族侗族自治州的生态足迹、生态承载力进行了计算，胡世辉和章力建对西藏工布自然保护区的生态足迹及生态承载进行了分析[49]，丁宇等采用生态足迹模型对深圳市的交通发展进行了可持续评价[50]。目前对生态足迹研究的重点已经逐步由最初的单纯区域生态足迹的计算扩展到利用生态足迹分析来评价区域可持续发展能力及生态足迹方法的修正和完善等方面[51]。

（二）重点研究问题

1. 城市规模与生态约束要素相互关系

为维持城市的正常运转与城市居民的生产生活，需要一定的土地、水资源作为基础，根据《城市用地分类与规划建设用地标准》（GB 50137—2011），城市规划人均城市建设用地指标应在 85.1 ~ 105.0m²/ 人内确定；同时，《城市综合用水量标准》（SL 367—2006）也对人均用水量作了规定。城市规模的扩大意味着对资源的需求不断扩大，但中国耕地资源有限，不少地区水资源紧缺，现有的资源供给能力已经非常紧迫。同时，工业发展带来的污染物也对水环境、大气环境等造成较为明显的影响。在经济发展方式转变、产业发展转型升级的形势下，城市的空间结构也面临调整，许多城市的总体规划编制过程中遇到的一个突出问题就是城市规模问题。因此，研究城市的合理规模范围，协调城市发展规模与资源环境等生态要素的关系，对制定合理的城市发展政策至关重要。

2. 建设用地规模确定

城市建设用地规模与城市人口规模一直是城市总体规划编制和审批关注的焦点，多年以来主要是通过预测人口规模来确定用地规模。在资源日趋紧缺、生态环境改善要求不断提高的情况下，需要在满足《城市用地分类与规划建设用地标准》（GB 50137—2011）的前提下，充分考虑城市土地资源条件的差异和发展阶段的不同，因地制宜地分析土地资源的供需和承载能力，提高土地产出能力，合理确定城市建设用地规模，划定城市增长边界。

对于单项城市建设用地而言，由于居住用地、公共管理与公共服务用地、工业用地、交通设施用地等对城市经济发展具有较大的贡献，在以 GDP 为导向的城市发展阶段占了较大比重，而绿地及非建设用地的作用则得不到应有的关注与重视。在城市低碳生态发展过程中，追求城市经济发展的同时，还须考虑绿地及非建设用地在生态功能上的发挥潜力，确定城市建设用地比例时，应通过固碳释氧等生态效益的需求测算保障确定合理的绿地及非建设用地规模。

3. 城市人口规模确定

城市人口规模是城市规划编制过程中城市用地规模、产业发展规模、基础设施规模等确定的基础，也是城市规划审批关注的重点。传统的人口规模预测常用劳动平衡法、带眷系数法、递推法等方法。随着城市规划中可持续发展思想的融入，研究者们逐渐认识到人口规模的增大带来高密度的经济活动和社会活动，使得人口与资源和环境的矛盾十分突出。因此，以资源环境为基础，在资源环境承载能力范围内来确定合理的人口规模，已经成为低碳生态规划中的重点内容之一。

4. 城市合理规模与门槛要素的确定

从城市发展的过程来看，不同城市化水平的城市在人口规模、产业发展结构等方面差距较大，带来的住房、产业用地、交通及相关基础设施的需求规模等差距也较大，但城市受土地、水等自然资源条件限制，需要控制其合理规模。同时，城市规模的增长也将带来污染物排放总量的增大，有限的环境容量也将成为城市规模的限制要素。因此，需要以城市发展所依赖的水、土地等自然资源为约束条件，分析城市发展规模的门槛要素，并与城市发展阶段相结合，进而确定城市合理规模。

二、相关技术方法

（一）建设用地潜力评价方法

1. 技术方法

建设用地资源评价是通过对建设用地的自然经济属性的综合考量，是评价一个地区剩余或潜在可利用建设用地资源对未来人口集聚、工业化和城镇化发展的承载能力[52]。其中建设用地资源包含两种类型，一是在城市边缘地区由于城市规模扩大而将农用地、空地等转化为建设用地的土地，即新增建设用地，主要受到土地的自然属性、地质水文特征等限制以及环境保护、耕地保护政策的影响；二是建成区范围内由于经济发展、效率提升的需要而增加建设密度或强度的地区，即存量建设用地[53]。

建设用地评价分为以下几个步骤：①建立评价指标体系，确定影响建设用地潜力的评价指标，并按照多级分类原则对其逐级细化，最终确定评价指标的量化难度与操作的可行性。②根据评价指标体系确定每个评价指标对应的评价因子以及各评价因子在系统中的权重。③根据评价地区与评价条件，选择评价指标构建恰当的评价模型，以评价指标为因子进行综合计算。④对建设用地潜力的评价结果进行分析，结合评价区域的客观情况，对评价结果的客观性与模型可性进行分析[54]（图 3-1）。

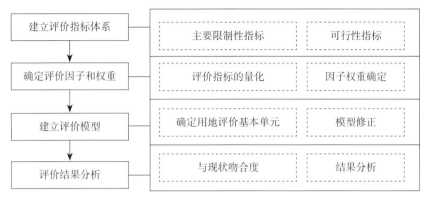

图 3-1　可利用建设用地资源潜力评价总体技术路线

资料来源：刘鹏，关丽，罗晓燕. 基于 GIS 的城市建设用地资源潜力评价初探 [J]. 地理与地理信息科学，2011，27（5）：69-73.

建设用地评价指标可分为限制性指标和引导性指标两大类。限制性指标考虑用地自然条件、环境及耕地保护要求、用地规划条件，包括景观环境保护、用地性质、建设强度等指标等。引导性指标包括周边道路及市政基础设施完备程度、社会影响评价、拆迁改造成本等。此外，有些指标较难量化分析，如社会影响，比较依赖于主观判断的准确性（表 3-1）。

可利用建设用地资源潜力评价指标体系　　　　　　　　　　　表 3-1

一级指标	二级指标	三级指标	指标因子
限制性指标	用地自然条件	坡度	坡度系数
		地质	/
		水文	/
	环境	是否位于自然保护区	判断因子
		是否位于风景名胜区	判断因子
		是否位于基本农田保护区	判断因子
	耕地保护要求	是否有耕地保护要求	判断因子
	用地条件	景观环境保护	判断因子
		用地性质	判断因子
		建设强度	容积率

续表

一级指标	二级指标	三级指标	指标因子
引导性指标	周边道路完备度	道路交通	/
	市政基础设施完备度	水	/
		电	/
		气	/
		热	/
	用地权属单位	/	/
	社会影响	/	/
	拆迁改造成本	/	/

资料来源：刘鹏，关丽，罗晓燕．基于 GIS 的城市建设用地资源潜力评价初探 [J]．地理与地理信息科学，2011，27（5）：69-73．（有修改）

2. 案例：北京城市建设用地潜力评价

1）数据来源与处理

以北京市 2009 年现状数据和规划数据为例，利用筛选与潜力评价相结合的方法来完成可利用建设用地资源潜力评价。研究数据选用北京市基础地理数据、用地现状数据、总体规划和专项规划数据、用地规划数据、规划审批数据、国土管理数据、限制性要素数据等（表 3-2）。

可利用建设用地资源潜力评价基础数据　　　　表 3-2

数据分类	数据图层	拓扑结构
基础地理数据	行政区划及规划用地边界	面
	建筑物及层数	面
用地现状数据	土地利用现状（用地性质）	面
	土地权属	面
总体规划和专项规划	轨道交通规划图	线、点
	重点功能区范围	面
	限建区分类及分类	面
	中心城、新城范围	面
用地规划数据	地块控制性详细规划（用地性质、建筑高度、容积率等）	面
规划审批数据	规划意见书	面
	建设用地规划许可证	面
	建设工程规划许可证	面
	自由用地规划条件	面
	政策性住房项目	面
国土管理数据	地籍数据	面
	土地储备数据	面

续表

数据分类	数据图层	拓扑结构
限制性要素数据	地震活动断裂分布线	线
	城市安全限制区	面
	历史文化保护区	面
	地下文物埋藏区	面
	工程地质条件分区	面
	机场控制廊道	面
	高压走廊控制范围	面
	垃圾填埋场	面
	军事设施	面

资料来源：刘鹏，关丽，罗晓燕. 基于 GIS 的城市建设用地资源潜力评价初探 [J]. 地理与地理信息科学，2011，27（5）：69-73.

2）评价模型与流程

（1）评价总体流程

评价范围为北京市全市区域，重点评价范围为中心城区、新城以及规划比较成熟的组团和镇，评价对象为包括存量和新增建设用地在内的全部可利用建设用地资源，采用筛选与潜力评价相结合的方法进行评价。

首先进行初步筛选、去除不可利用土地，再针对可利用土地进行评价分析，确定可以优先发展的地区，辅助综合选址分析工作。对于北京市中心城区和新城范围内规划比较成熟的区域，将控制性详细规划中划定的地块作为用地评价单元，对于规划尚未成熟的区域以土地利用现状图划定的用地类型斑块作为评价单元（图3-2）。

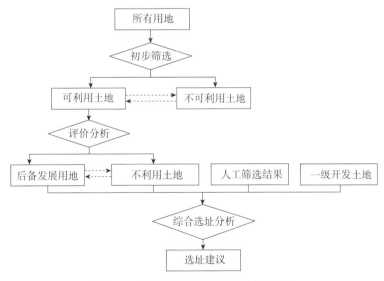

图3-2 可利用建设用地资源评价总体流程

资料来源：刘鹏，关丽，罗晓燕. 基于 GIS 的城市建设用地资源潜力评价初探 [J]. 地理与地理信息科学，2011，27（5）：69-73.

（2）初步筛选模型

结合已有的数据基础，根据可利用建设用地筛选的总体思路，构建可利用建设用地资源评价的筛选模型，并且根据不同地区规划深度的不同，采取相宜的评价方法。

具有控制性详细规划的地区，主要包括北京市中心城区、新城以及部分镇和组团。其评价模型如图3-3所示。将地块（即评价单元）的规划与现状用地性质相比较，发生改变的作为可利用土地，对不改变用地性质的再根据不同用地性质分别判断：公益性用地直接判断为不可利用土地，非公益性用地如果建设年代较久，判断为可利用土地，如果建设年代较新，再判断是否充分利用，已经充分利用则作为不可利用土地，如果尚未充分利用，则作为可利用土地，这样评价出可利用建设用地资源的初步结果。

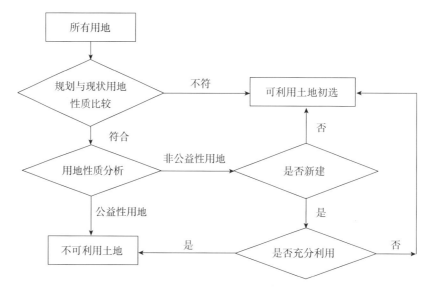

图3-3　有控规地区可利用建设用地资源初步评价流程

资料来源：刘鹏，关丽，罗晓燕. 基于GIS的城市建设用地资源潜力评价初探[J]. 地理与地理信息科学，2011，27（5）：69-73.

无控制性详细规划的地区，主要包括远郊区县乡镇中没有编制控制性详细规划的地区，由于其基础资料和数据不完备，不作为研究的重点。

（3）评价模型修正

现状图不准确或规划图没有及时更新以及规划审批数据不完整，都可能造成可利用土地初步筛选结果不准确，需要对其进行修正。通过将模型计算结果与实际情况进行比对，并根据可利用建设用地资源分析和建设用地选址工作的具体需求，确定修正流程。主要是从可建设用地初选资源中去除近10年新建项目用地。首先，利用建设工程规划许可证判断与10年内审批工程证相交或包含的用地证，该工程证所在的用地证范围内均视为不可利用，如果工程证没有与之相关的用地证，则工程证所在的整个地块都视为不可利用地。其次，去除已供应土地项目，去除规划用地性质为绿地和水域的用地以及军产用地，得到可利用土地二选结果（图3-4）。

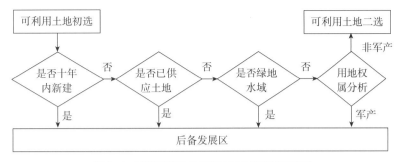

图 3-4　可利用建设用地资源评价模型修正流程

资料来源：刘鹏，关丽，罗晓燕. 基于 GIS 的城市建设用地资源潜力评价初探 [J]. 地理与
地理信息科学，2011，27（5）：69-73.

3）评价结果及分析

以北京市朝阳区集中建设地区的基础数据为例，对评价模型进行验证，其中 人工评价的可利用地地块总数为 2431 块，总面积 47.587km²，利用评价模型评价出的可利用地地块总数为 2390 块，总面积 52.342km²，利用评价模型工具评价出的地块与人工评价判断地块互相重叠的地块总数为 1936 块，重叠率为 79.4%，重叠部分的总面积为 40.329km²，重叠率为 84.75%（图 3-5）。

a. 模型自动评价结果

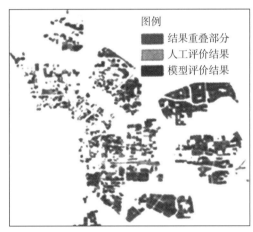

图例
■ 结果重叠部分
■ 人工评价结果
■ 模型评价结果

b. 模型评价结果与人工评价结果对比

图 3-5　可利用建设用地资源潜力评价实验结果

资料来源：刘鹏，关丽，罗晓燕. 基于 GIS 的城市建设用地资源潜力评价初探 [J]. 地理与地理信息科学，
2011，27（5）：69-73.

（二）用地边界预测技术方法

设定城市增长边界（Urban Growth Boundary，简称 UGB）是西方国家应对城市蔓延过程中提出的一种技术解决措施和空间政策响应，最初于 1958 年在美国莱克星顿市提出并应用，其理念是对城市空间发展模式与发展质量的认识及反思，现已成为美国控制城市蔓延、实现精明增长最成功的技术手段和政策工具之一[55]。作为一种城市发展模式，UGB 强调"地尽其值"，通过设立若干"拟发展区"，各发展区之间以公共交通相连接，并

通过生态廊道建设为城市蔓延设置生态屏障，然后根据需要在指定的区域选择不同的开发密度[56]。国外城市增长边界一般预测未来 10 ~ 25 年的时间尺度，要充分考虑影响城市扩展的驱动因素，预测未来城市用地需求规模以确定 UGB 的空间尺度。必要时可根据法定程序调整发展区边界，从而引导城市精明增长。

美国在近 80 年的研究与实践中，形成和完善了 UGB 的概念和内容，在确定 UGB 过程中，综合考虑增长压力、潜在增长偏离、财政力度、管辖区内土地所有权、潜在 UGB 外土地所有权形式、潜在 UGB 外的延期、管辖区内未来基础设施容量与公共机构容量等八大因素来预测城市人口与建设用地规模，并形成了 UGB 的动态管理机制[57]。美国田纳西州通过各县发展规划划定 UGB，通常采用地理信息系统技术，对自然资源、交通等图层叠加分区划定 UGB。对数据缺乏地区常借助遥感影像对城市用地单元分类并选取最大城市斑块的边缘作为 UGB。而 UGB 分析模型需考虑不同时空尺度的诸多城市扩展驱动因素，模型分析较为困难，相关研究则很少[58]。最近有学者综合人工神经网络方法、GIS 和遥感（RS）方法，采用道路、绿地、坡度等因子建立 UGB 模型，模拟预测了伊朗德黑兰UGB[59]，虽然该研究考虑了城市系统自组织运行轨迹，但没有涉及自然容量本底约束，而本底自然容量在诸如我国的长江三角洲经济发达地区已成为城市发展的重要瓶颈。国内从土地利用规划角度已提出基于 GIS 空间分析技术的定量直观划定城乡建设用地扩展边界的方法，很值得借鉴。

在对于城市增长形态和规律的描述方面，元胞自动机（Cellular Automata，CA）作为一种复杂系统时空动态模拟的工具，已经在城市空间增长模拟中得到了较为普遍的应用。鉴于城市增长的复杂性，需要在仅考虑邻域（Neighborhood）影响的简单 CA（Pure CA）模型的基础上，考虑其他影响城市增长的因素，部分学者开始关注在 CA 中引入约束条件，即约束性 CA（Constrained CA，CC—CA），来控制模拟过程，以模拟更为真实的城市增长。

1. 约束性 CA[60]

利用约束性 CA 模拟的城市增长结果，是对未来不同发展情景模式下的城市空间布局的判断，可以作为 UGB 制定的基础。

基于对未来城市增长的模拟结果制定 UGB，首先需要对城市增长过程进行分析，这一过程既有自上而下的政府行为，又有自下而上的基层个体的自发开发。对前者，根据宏观社会经济条件，政府通过一系列政策，如存量及增量土地供应计划、近期建设规划、年度实施计划等，制定宏观发展目标；开发商持有指定的开发项目，由政府根据客观的土地综合评价（自然地形、规划控制等），寻找适宜的开发地区。对于后者，基层土地使用权持有者具有自发的开发行为，这种行为受到制度性约束（如城市规划、生态保护政策等）和自然条件的约束（如坡度限制、地质灾害等）。

参考中国城市增长的现实特点，约束性 CA 的模拟思路总体上可分为两个步骤：首先在宏观上由政府根据宏观社会经济约束条件（外生变量）确定每一阶段的待开发土地的总量，然后在微观层面采用约束性 CA 方法考虑其他约束条件，模拟不同阶段所有元胞的城市增长概率，并基于其拟开发总量的空间定位，给出与开发总量相对应的土地的空间分布。

参考 Hedonic 模型的理论框架，同时考虑数据的可获得性，选择下列影响城市增长的要素作为约束性 CA 的空间变量：

区位变量（空间性约束）：各级城镇中心的吸引力（中心城 *f_tam*、新城 *f_city*、乡镇 *f_town*）、河流的吸引力 *f_river*、道路的吸引力 *f_road*（区位变量的选取可根据研究范围和研究重点的不同有所改变）。

邻里变量（邻域约束）：邻域内的开发强度 *neighbor*（即 Moore 邻域内不包括自身的城市建设元胞数目与邻域内邻近元胞的数目 8 的商）。

政府变量（制度性约束）：土地等级 agri、禁止建设区 conf。

基于上述约束条件，采用多指标评价（Multi-criteria Evaluation，MCE）作为约束性 CA 状态转移规则的具体形式。

（1）$Land\ A\ mount = \sum_t step\ Num^t$

（2）$s_{ij}^t = w_0 + w_1 \times f\_tam_{ij} + w_2 \times f\_city_{ij} + w_3 \times f\_towm_{ij} + w_4 \times f\_river_{ij}$
$\qquad + w_5 \times f\_road_{ij} + w_6 \times conf_{ij} + w_7 \times agri_{ij} + wN \times neighbor_{ij}$

（3）$p_g^t = \dfrac{1}{1+e^{-s_{ij}^t}}$

（4）$p^t = exp\left[a\left(\dfrac{p_g^t}{p_{gmax}^t} - 1\right)\right]$ （3-1）

（5）*for* inStep ID = 1 *to* step Num

$\qquad$ *if* $p_{ij}^t = p_{max}^t$ *them* $V_{ij}^{t+1} = 1$

$\qquad$ $p_{ij}^t = p_{ij}^t - p_{max}^t$

$\qquad$ p_{max}^t *update*

$\qquad$ *next* inStep ID

式中   *Land A mount* 为元胞总增长数目；

$\qquad$ *step Num* 为每次循环元胞增长数目；

$\qquad$ s_{ij}^t 为土地利用适宜性；

$\qquad$ w 为变量系数；

$\qquad$ p_g^t 为变换后的全局概率；

$\qquad$ p_{gmax}^t 为每次循环中全局概率最大值；

$\qquad$ a 为扩散系数（1～10）；

$\qquad$ p^t 为最终概率；

$\qquad$ inStep ID 为子循环 ID；

$\qquad$ V_{ij} 为元胞状态；

$\qquad$ p_{max}^t 为每次循环不同子循环内最终概率最大值，其数值在子循环内不断更新。

2. Metroscope 模型（基于地理信息系统平台的复杂城市模型）[61]

Metroscope 是一个基于地理信息系统平台的复杂城市模型，包括经济模块、土地利用模块和交通模块，3 个模块之间有复杂的关联：经济模块输出的结果是土地利用模块所需要的必要输入参数，土地利用模块输出的结果是交通模块未来预测和政策分析的基础。

经济模块侧重于经济分析和预测模型，预测都市经济发展及其不同的外部环境对都市经济的影响（比如油价上升）。经济模块需要预测未来20年至40年的人口、就业人数以及工业分行业的就业人数、收入等。

交通模块用来分析交通网络的需求（交通流量）以及不同交通供给和政策对交通需求的影响，预测各种交通方式（公共汽车、火车、小汽车、步行或自行车）和各段道路的交通量，以及每天各时段的通勤时间。

土地利用模块是整个 Metroscope 模型的核心。土地利用模块分别对各分析区的住宅和就业区位选择进行预测，并对土地开发量、建筑量、土地和建筑价格进行预测。该模块提供土地需求分析、详细的人口空间分布（不同家庭、收入及规模等）、详细的就业空间分布（工业、商业及零售等），并将土地利用与房地产市场联系起来。

土地利用模块中包含两个子模块：住宅房地产区位子模块与非住宅房地产区位子模块，分别对应居民的住宅区位选择和企业的区位选择。

住宅子模块考虑家庭对住宅的需求、住房市场供给、居民对买房或租房的选择、房租价格、房屋价格及房屋密度等因素；住宅需求和空间分布中将住宅需求按家庭分为441类（其中，按收入分为9类，按家庭规模分为7类，按户主年龄分为7类）。住宅子模块基于328个空间单元进行住宅分析，这意味着需要巨大的数据支持。

非住宅子模块作空间分布模拟预测，考虑不同产业的就业区位、不同类型的房地产（如办公楼、仓库等）供给、各产业对不同类型房地产的需求、土地和资本的相对价格、就业密度、容积率等因素。基于对66个分析单元中的两个子模块之间存在一定的互动关系，进行就业空间分布，使居住与就业在整个区域内达到平衡。

3. 案例：应用约束性 CA 预测杭州市建设用地边界 [62]

约束性 CA 的约束条件包括宏观社会经济、区位、邻域和规划控制或制度性等四类约束条件。将绿色基础设施融入约束性 CA 中，是强化生态视角预测建设用地边界的一种方法。

以2000～2008年的模型参数识别作为利用生态视角的 CA 模型的输入条件，2020年为预测目标时间点，模拟范围为杭州主城区及六组团的主要中心城镇，数据源为杭州市辖区范围的2000年10月 Landsat TM 和2008年8月的 Landsat ETM+ 卫星影像数据以及2000年以来的杭州市经济社会统计资料、杭州市土地利用总体规划及各专项规划等。

首先得到杭州市绿色基础设施核心区辨识结果与资源评价分级结果，如图3-6所示。城市发展土地需求量依据不同的安全水平门槛分值的约束性输出结果和城市总体规划的相关数据确定。经过多次验证，最终生态安全门槛设值为0.28。模拟的杭州市城市空间增长状况如图3-7所示，进而确定杭州市2020年城市增长边界，见图3-8。

（三）生态足迹法预测人口规模

1. 技术方法

生态足迹用于衡量人类现在究竟消耗多少用于延续人类发展的自然资源。生态足迹模

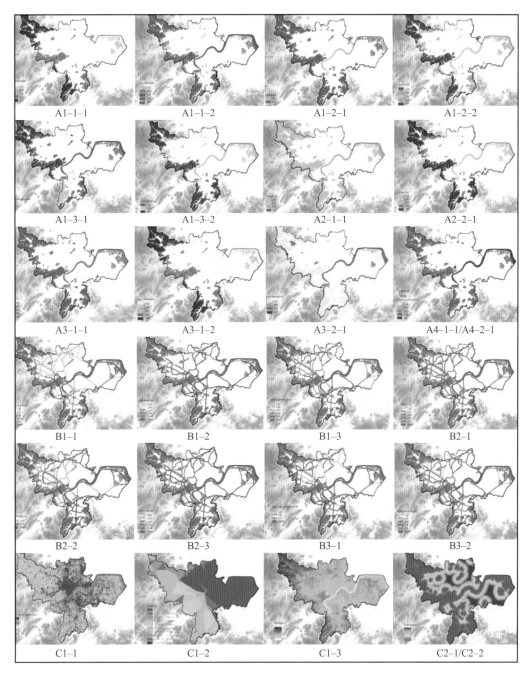

图 3-6 杭州市约束性指标分析评价

资料来源：李咏华．生态视角下的城市增长边界划定方法——以杭州市为例 [J]. 城市规划，2011，35（12）：83-90.

型主要用来计算在一定的人口与生活水平条件下，维持资源消费和废物消纳所必需的生物生产面积（Biologically Productive Area）。任何已知人口（某个个人、某个城市或某个国家）的生态足迹，就是生产相应人口所消费的所有资源和消纳这些人口所产生的所有废物所需要的生物生产面积（包括陆地和水域）。

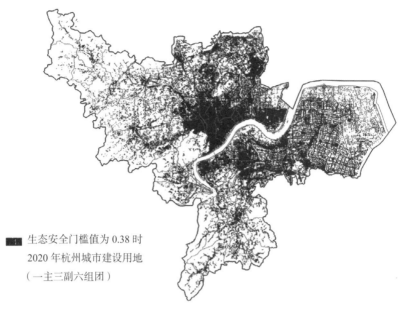

■ 生态安全门槛值为 0.38 时
2020 年杭州城市建设用地
（一主三副六组团）

图 3-7　杭州市城市空间增长模拟

资料来源：李咏华. 生态视角下的城市增长边界划定方法——以杭州市为例 [J]. 城市规
划，2011，35（12）：83-90.

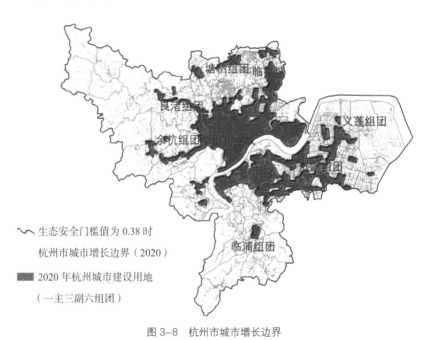

〜 生态安全门槛值为 0.38 时
杭州市城市增长边界（2020）

■■ 2020 年杭州城市建设用地
（一主三副六组团）

图 3-8　杭州市城市增长边界

资料来源：李咏华. 生态视角下的城市增长边界划定方法——以杭州市为例 [J]. 城市规
划，2011，35（12）：83-90.

　　该分析方法通过将人类对自然生态服务的需求转化为提供这种需求所必需的生物生
产性土地面积，并同国家和区域范围所能提供的这种生物生产性土地面积进行比较，进而
判断人类的生存状态是否处于生态系统承载力范围内。如果生态足迹超过相应所能提供的

生态承载力，就出现生态赤字；反之，如果小于相应所能提供的生态承载力，则表现为生态盈余。

1）人均生态足迹

在生态足迹计算中，首先，将各种资源和能源消费项目折算为耕地、草场、林地、建筑用地、化石能源土地和海洋（水域）等6种生物生产性土地面积类型。其次，进行均衡处理。由于这6类生物生产性土地面积的生态生产力不同，要将这些具有不同生态生产力的土地生产面积转化为具有相同生态生产力的面积，并计算生态足迹和生态承载力，需要对计算得到的各类生物生产性土地面积乘以一个"均衡因子"（Equivalence Factor）。某类生物生产性土地面积的均衡因子，等于全球该类生物生产性土地面积的平均生态生产力除以全球所有各类生物生产性土地面积的平均生态生产力。

计算各种消费项目的人均生态足迹分量。计算公式为：

$$A_i = C_i / Y_i = \frac{P_i + I_i - E_i}{Y_i \times N} \tag{3-2}$$

式中　i 为消费项目的类型；

Y_i 为生物生产性土地生产第 i 种消费项目的年平均产量（kg/hm^2）；

C_i 为第 i 种消费项目的人均消费量；

A_i 为第 i 种消费项目折算的人均生态足迹分量（$hm^2/$ 人）；

P_i 为第 i 种消费项目的年生产量；

I_i 为第 i 种消费项目年进口量；

E_i 为第 i 种消费项目的年出口量；

N 为人口数。

在计算煤炭、焦炭、原油、汽油、煤油、柴油、燃料油、液化石油气和电力等消费项目的生态足迹时，要将这些能源消费转化为化石能源土地面积，即需要估计以同样的化石能源的消费速率所排放的 CO_2，和吸收这些 CO_2 所需的土地面积。据此，可以将不同的能源消费折算成一定的化石能源土地面积。

人均生态足迹计算公式为：

$$EF = \sum r_j A_i = \sum \frac{P_i + I_i - E_i}{Y_i \times N} \tag{3-3}$$

（$j = 1$，2，……6）

式中　EF 为人均生态足迹（$hm^2/$ 人）；

r_j 为第 j 类生物生产性土地的均衡因子。

2）生态承载力

由于在不同的国家和地区，同类生物生产土地的实际面积无法直接进行对比，需要对不同类型的面积进行调整。不同国家或地区的某类生物生产面积所代表的平均产量同世界平均产量的差异可用"产量因子"（yield factor）来校正。即某个国家或地区某类土地的产量因子是其平均生产力与世界同类土地的平均生产力的比率。将现有的耕地、牧草地、林地、建设用地、水域等物理空间的面积乘以相应的均衡因子和当地的产量因子，就可以得到世界平均生态空间面积——生态承载力。

人均生态承载力的计算公式为：

$$ec = a_j \times r_j \times y_j \qquad (3\text{-}4)$$

式中　ec 为人均生态承载力（ghm²/人）；

　　　a_j 为人均生物生产面积（ghm²/人）；

　　　r_j 为均衡因子；

　　　y_j 为产量因子。

区域生态承载力计算公式为：

$$EC = N \times ec \qquad (3\text{-}5)$$

式中　EC 为区域总人口的生态承载力（hm²）。

2.案例：应用生态足迹预测江阴市人口规模

1）江阴市生态足迹现状

江阴市的生物资源消费分为农产品、动物产品、水产品、水果等，能源消费分为煤炭、焦炭、汽油、柴油、燃料油、液化石油气、电力等。能源生态足迹计算中，采用世界单位化石能源土地面积的平均发热量为标准，将这些消耗的能源折算成相应的化石能源土地面积。

2008 年江阴市耕地面积为 51069.7hm²，林地面积为 1708.0hm²，草地面积为23.8hm²，建设用地和水域（包括河流和湖泊）面积分别为 35443.7hm² 和 10531.7hm²。经过均衡因子和产量因子的调整后，江阴市生物生产性土地面积为 274907.41hm²，人均生物生产性土地面积为 0.229g hm²/人，即江阴市 2008 年生态足迹供给为 0.229g hm²/人。2008 年江阴市生态足迹为 8.250g hm²/人，扣除 12% 的生物多样性保护面积后，人均生态赤字为 8.048g hm²/人（表 3-3）。

江阴市 2008 年生态足迹　　　　　　　　　　表 3-3

项目		生态足迹需求	生态足迹供给	生态盈余/赤字
		均衡面积（ghm²/人）	均衡面积（ghm²/人）	均衡面积（ghm²/人）
能源消费	合计	7.023	0.010	−7.013
	化石能源用地	6.986	0.000	−6.986
	建设用地	0.037	0.010	−0.027
生物资源消费	合计	1.227	0.219	−1.008
	耕地	1.062	0.194	−0.868
	林地	0.001	0.001	0.000
	草地	0.035	0.000	−0.035
	水域	0.129	0.025	−0.104
合计		8.250	0.229	−8.021
扣除 12% 的生物多样性保护面积				−8.048

《生命行星报告 2010》指出，2007 年全球人均生态足迹为 2.7g hm²，低收入国家（地区）、中等收入国家（地区）和高收入国家（地区）公民的人均生态足迹分别为 1.2、2.0和 6.1g hm²。中国公民的人均生态足迹为 2.2g hm²。对比江阴市 2008 年的生态足迹可以看出，江阴市人均生态足迹已经远高于全国水平，甚至超过高收入国家（地区）的平均水平（图 3-9）。

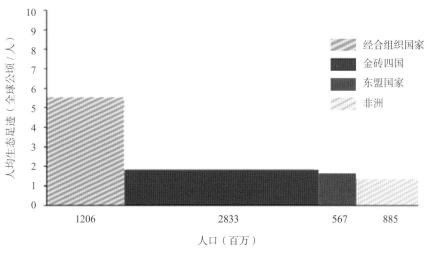

图 3-9　世界各地区生态足迹

资料来源：WWF，Zoological Society of London，Global Footprint Network. Living Planet Report 2010—Biodiversity，biocapacity and development.

2）人口规模预测

生态足迹是评价区域生态可持续发展的量化指标，GDP 是反映区域经济发展水平的量化指标，这两者均属于城市人口规模的函数。故将全市人口、经济、生态发展的相关性通过建立数学模型联系起来，以万元 GDP 的生态足迹和 2008 年的生态足迹为发展控制口径，采用"经济增长与生态环境保护相协调的城市人口规模"方法预测江阴市人口规模。根据以下公式计算人口总量：

$$W_{2030} = EF_{2030} \times P_{2030} / \mathrm{GDP}_{2030} \tag{3-6}$$

$$P_{2030} = W_{2030} \times \mathrm{GDP}_{2030} / EF_{2030} \tag{3-7}$$

式中　W 为万元 GDP 生态足迹（hm²/ 万元）；

EF 为人均生态足迹（hm²/ 人）；

P 为总人口（万人），下脚标为年份。

2008 江阴市万元 GDP 的生态足迹为 0.642hm²/ 万元，根据江阴市经济增长目标，到 2030 年 GDP 增加到 12000 亿元。假定随着科技进步，生产活动资源的转化效率将进一步提高，江阴市万元 GDP 生态足迹降低，到 2030 年江阴市发展水平与 2007 年世界发达国家相当（表 3-4），则 2030 年万元 GDP 生态足迹降到 0.168 ~ 0.235hm²/ 万元。假定江阴市今后发展过程中注重对土地资源的保护和森林的建设，使 2030 年人均生态足迹保持在

2008 年的水平，则根据以上公式计算，2030 年江阴市 GDP 达到 12000 亿元时可承载总人口为 262 ~ 335 万人。

2007 年世界发达国家万元 GDP 生态足迹 表 3-4

	GDP（亿美元）	人均 GDP（美元/人）	生态足迹（hm²/人）	万元 GDP 生态足迹（hm²/万元）
美国	140618	46627	8.0	0.235
日本	43779	34264	4.7	0.188
加拿大	14241	43185	7.0	0.222
德国	33291	40468	5.1	0.173
法国	25940	40644	5.0	0.168
意大利	21162	35641	5.0	0.192
丹麦	3107	56894	8.3	0.200
荷兰	7783	47511	6.2	0.179
新加坡	1768	38523	5.3	0.188
西班牙	14408	32105	5.4	0.230

数据来源：各国 GDP 和人均 GDP 数据来源于世界银行网站；生态足迹数值来源于网址：http://www.footprintnetwork.org/en/index.php/GFN/page/ecological_footprint_atlas_2008/；美元兑人民币汇率采用 2007 年 12 月 31 日的人民币汇率中间价 0.7305。

（四）资源承载力法预测人口规模

1. 水资源承载力、预测人口规模 [63]

水资源承载力为"在一个地区或流域的范围内，在具体的发展阶段和发展模式条件下，水资源对区域内人口、经济和环境的支持能力"。水资源承载力具有时效性、实践性、约束性和实用性的特点，因此，水资源承载力的计算应对区域社会经济的发展具有指导意义。

水资源承载力反映的是区域水资源最大可利用条件下所支撑的社会经济发展规模，其受人口、经济、环境等多种因素的综合制约，供需平衡是水资源承载力能得以求解的基础。用数学模型可表达为：

$$W_c = \max f \{C_1, C_2, C_3 \cdots\}$$ （3-8）

约束条件为 $$W_{demand} = W_{supply}$$

式中 W_c 为区域水资源承载力；

C_1 为人口指标；

C_2 为经济指标；

C_3 为环境指标；

f 为综合效益函数；

W_{demand} 为满足区域社会经济发展等要素所需的总用水资源量；

W_{supply} 为区域水资源最大可利用量。

满足区域社会经济发展等要素所需的总用水资源量（W_{demand}）由生活用水量、生产用水量和生态需水量等组成。生产用水量主要包括工业用水量和农业用水量，第三产业的用水量可并入工业用水量中。

总用水资源量的各类组成公式表示如下：

$$W_{demand} = W_D + W_I + W_A + W_E \qquad (3-9)$$

式中　W_D 为生活用水量；

W_I 为工业用水量；

W_A 为农业用水量；

W_E 为生态用水量。其中，生活用水量、工业用水量和农业用水量的计算方法如下所示：

$$W_D = R_{DU} \times P_U + R_{DA} \times P_A \qquad (3-10)$$

$$W_I = U_I \times P_I \qquad (3-11)$$

$$W_A = R_{AI} \times A_I \qquad (3-12)$$

式中　R_{DU}、R_{DA} 分别为城市与农村生活用水量标准，单位为 L/（人·日）；

P_U、P_A 分别为城市和农村人口数量；

U_I 为工业总产值；

P_I 为单位工业产值平均用水量单位为 $m^3/$ 万元；

R_{AI} 为农业有效灌溉用水量标准，单位可取 m^3/hm^2；

A_I 为农业有效灌溉面积。

生态需水量指特定的生态系统为维持其原有状态、原有功能及保证良性循环所需要的水量，分为河道内生态需水量和河道外生态需水量两个部分。河道内生态用水主要用于防止河道断流、维持水生生物栖息地、保持河床稳定和泥沙冲淤平衡、保持河流对污染物的稀释能力和自净能力等，一般认为河道内生态用水应占多年平均径流量的 50% ~ 60%。河道外生态需水量包括植被生态需水量、湖泊与湿地生态需水量等类型，往往与当地的生态环境状况、生态系统类型及其分布和比例有关，其数值相对较为恒定。

区域人口总量可以用下式表示：

$$P = P_U + P_A = P \times r + P \times (1 - r) \qquad (3-13)$$

式中　P 为区域人口数量；

P_U 为城镇人口；

P_A 为农村人口；

r 为城市化率。

在忽略量纲的情况下，联立求解得出以人口表示的区域水资源承载力的表达式为：

$$P = \frac{W_R + W_{EX} - W_E - R_{AI} \times A_I - U_I \times P_I}{R_{DU} \times r + R_{DA} \times (1 - r)} \qquad (3-14)$$

式中　P 值即为区域的水资源承载力（人口总量）；

W_R 为本地水资源量；

W_{EX} 为区域外来水量；

W_E 为生态用水量；

R_{AI} 为农业有效灌溉用水量标准；

A_I 为农业有效灌溉面积；

U_I 为工业总产值；

P_I 为单位工业产值平均用水量；

R_{DU} 为城市生活用水量标准；

R_{DA} 为农村生活用水量标准；

r 为城市化率。

2. 土地资源承载力预测人口规模

土地承载力是指在一定时期、一定空间区域、一定的社会、经济、生态环境条件下，土地资源所能承载的人类各种活动的规模和强度的限度，这种分析方法是在全球人口不断增加、耕地面积日趋减少、人类面临粮食危机的背景下产生的。

在土地承载力的概念中，体现着相互关联的多重特性。其一为持续性，即保证土地承载力在时间上的持续和稳定；其二为稳定性，即维持生态系统或环境的稳定，这是保证土地承载功能的基础和前提；其三为阈值性，即土地承载力是一个以生态系统稳定性为前提，或为环境稳定性限制（允许）的最大值；其四为动态性，即土地承载力是一个与环境阻力，或技术、投入水平对应的时点指标；其五为均衡性，即具一定消费水平的人口或一定强度的人类活动规模要同土地资源的支持力，也即环境容量（K）保持平衡（≤K，即不超越），这是土地承载力质的规定，而土地资源支持力和与之保持平衡的人口或人类活动规模，则是土地承载力的量的展现——人口规模只要不超越承载力，便可保持与环境平衡的持续。

土地资源承载力首先要确定土地的最大可开发量。土地最大可开发量为现状建设用地面积与可供给的建设用地面积潜力之和，也即土地总面积减去不可开发建设用地面积。一般不可开发建设用地包括基本农田、水域面积以及自然保护、风景名胜区、森林公园、饮用水源地、重要湿地等重要生态功能保护区。

其次，确定人均建设用地指标。城市建设用地指标根据《城市用地分类与规划建设用地标准》（GB 50137—2011）确定，村庄建设用地根据现状建设用地指标和集约节约的原则合理确定。

最后，根据可建设用地面积与人均建设用地指标预测未来人口规模。

三、研究述评

（一）存在问题

1. 建设用地规模预测

目前城市规划预测建设用地规模仍以《城市用地分类与规划建设用地标准》（GB 50137—2011）作为评判依据，但城市用地规模和人口规模之间的关系还受具体区域的自然条件限制和经济发展水平限制,尤其是在当前部分城市用地低效扩张较为严重的情况下,合理预测城市建设用地规模非常重要。

建设用地规模预测需考虑以下几方面要素:第一,城市自然基础条件,对于城市土地资源相对紧张的地区应加强控制,以尽量提高城市用地产出效率;第二,城市发展阶段,城市化水平较高且稳定的城市,一般而言其对城市建设用地的增长需求相对较小;第三,城市产业特点,需根据城市产业结构、产业门类及产业层次的差异,结合产业的地均产出合理效率,预测城市建设用地的需求。

建设用地资源潜力评价方法可对不同尺度的区域进行可利用建设用地资源评价,但因其涉及因子较多,且部分因子无法实现量化,如用地权属单位、社会影响、拆迁改造成本等。因此,此方法受基础数据限制较为明显,需要根据建设用地实际情况进行部分指标替代。

2. 城市增长边界预测

城市增长边界为根据地形地貌、自然生态、环境容量和基本农田等因素划定的、可进行城市开发和禁止进行城市开发建设区域的空间界限,即允许城市建设用地扩展的最大边界。

城市增长边界是城市整体未来一段时间内需要控制的开发边界,其主要目的是防止城市无序蔓延,并引导城市未来发展方向,但对城市增长边界的划定也应特别关注以下几方面。首先,对处于不同发展阶段的城市而言,其对建设用地的需求也不同,因此,划定城市增长边界需要判断城市发展阶段。其次,城市增长边界的划定需考虑城市发展的动态过程,尤其是对目前正处于快速发展阶段的城市而言,城市增长边界应是动态的边界。第三,受城市自然地理条件的影响,自然生态空间、基本农田等可作为城市增加边界的"刚性"界限,而其他地段的城市增加边界应具有一定的"弹性"空间。第四,不同资源特性的城市对城市增长边界的需求不同,如对城市后备土地资源较为丰富的地区,重点应是合理预测城市用地规模,而对土地资源较为紧张的地区,则重点考虑城市增长边界的划定。第五,城市发展的市场机遇变化难测,科学技术进步也不断产生新的手段和要求、标准,社会发展进步的新变化、新要求,特别是当前确定城市增长边界的理论、依据和技术方法尚不成熟,因此有必要深入研究城市增长边界调整的条件和方法。

约束性 CA 作为预测城市增长边界的一种方法,仅限于微观的城市生长因素,欠缺政策的随机性和能动性考虑,也无法考虑要素之间的整体格局和综合联系,这使得其预测的城市增长边界在一定程度上难以反映城市真实的动态发展过程。

3. 人口规模预测

人口规模预测是城市规划的重要工作,也是制定城市发展政策的基础。人口规模的增长是一个复杂的系统过程,生态足迹法和资源环境承载力分析法从人口增长对生态资源要素的消耗角度出发,适应了城市低碳生态发展的趋势,但其对人口规模的预测应是一段时间内的极限值,预测结果往往大于传统城市规划预测方法的结果。

生态足迹分析只是衡量了生态的可持续程度,强调的是人类发展对环境系统的影响及其可持续性，而没有考虑经济、社会、技术方面的可持续性和人类对现有消费模式的满意程度，具有明显的生态偏向性。且该方法所利用数据大多从较大尺度的区域层面考虑平衡，因此，适用于较大尺度范围的评估，难以推广到较小地域范围的评估。

资源环境承载力分析对人口规模的预测中，未来资源可利用量与人均资源需求指标的确定直接影响预测结果。但从目前的分析方法来看，未来资源可利用量均采用资源总量为基础，未考虑资源可利用量的动态影响，如水资源受气候变化的影响，且人均资源需求量的指标也没有较为权威的标准值，使得资源环境承载力分析结果仅可作为城市人口发展极限值的参考。

（二）深化研究方向

城市建设用地与人口规模均受自然条件、经济社会乃至政策因素等多种要素影响，单纯的数理方法难以将这些要素全面统筹分析考虑，因此，建设用地与人口规模的预测应重点深化以下几方面。第一，在现有的数理分析基础上统筹考虑政策因素与社会发展的影响，如在生态足迹法中考虑技术进步、居民生活方式改变的影响，在资源承载分析中考虑国家政策的影响等。第二，细化规模预测的分区分类，在建设用地规模预测分析中细化考虑不同类型用地规模，在人口规模预测中建立小尺度地域单元的分析方法，为城市发展中的分区、分类政策制定提供更为科学的依据。第三，制定与城市规模相关的标准，如分行业、分门类、分层次制定地均产出准入标准，制定建设用地建筑密度与开发强度标准，制定道路与公共绿地的用地上限标准等，为城市规模预测及控制提供依据。

第四章　空间支撑技术方法

城乡规划是一个多层次、多目标的决策过程，土地利用及开发模式的空间布局是城市规划的基础性内容，因此城乡规划的主要目的之一就是寻求最优空间布局和空间形态，这离不开空间分析技术方法的支撑。传统的空间布局形态评价标准多为美观、伦理和使用功能，相对直觉或直观的通风采光，已体现一定的生态理念。城市规划中低碳生态理念的引入，实际上是使其增添了新的目标，即需要科学地考虑生态保护和城市系统运行的低碳生态要求，并使之处于重要的地位，发挥重要的作用，这就必然需要引入和发展与生态保护和低碳运行相关的空间分析技术方法。以城市生态保护和低碳发展为目标，为城市空间布局提供科学支撑的分析技术方法，称之为低碳生态城乡规划的空间支撑技术方法。

一、国内外研究综述

（一）国外研究综述

进入工业革命以后，城市的不断发展引发各种生态环境问题，推动生态城市研究的产生和扩展深入，并逐步形成了与之相适应的空间支撑技术方法。

从 19 世纪末霍华德（Ebenezer Howard）倡导的"田园城市"（Garden City）规划理论和盖迪斯（Patrick Geddes）提出"自然引入城市"的乌托邦城市规划理念到 20 世纪 60 年代，可看作生态城市概念发展的初期。研究者们开始探究城市及其周边的区域自然地理与人类聚落之间的关系，并提出了若干种理想的城市空间布局模式，但没有具体的空间规划技术方法支撑。

1960 年代，受社会批判与环境思潮影响所及，生态学及环境科学对城市规划论述的影响日益明显，生态思想开始在空间规划层面得到体现。希尔斯（Angus Hills）将生物环境以及物理环境的土地潜力评价结果应用于土地使用决策[64]，刘易斯（Philip Lewis）则从地景建筑的专业角度出发，发展出地景知觉分析方法[65]。其中最具代表性的当属麦克哈格（L. McHarg）在《设计结合自然》一书中所提出的以因子适宜性分析与环境叠图程序为主轴的生态规划方法[66]。这一套土地利用决策技术支撑系统目前仍在不断发展完善中，特别是 GIS 相关技术的应用极大地方便了分析过程，使之成为世界范围内生态环境规划领域极为普及的观念与方法。

1980 年代以后，对于空间的生态思考为规划界所重视，且更注重可实施性。特别是"可持续城市"以及"紧凑型城市"相关规划模式和操作方法的发展，以及"新城市主义"发展出 TOD 理论和"精明增长"概念的提出，推动了交通与土地利用模型和公交与土地一体化技术方法的产生发展，成为土地利用适宜性角度之外重要的空间决策支撑技术方法。这一系列城市规划新理念也恰巧满足了进入 21 世纪之后为全球所重视的"低碳"发展要求，即从城市规划角度，城市格局对能源消费以及碳排放的影响主要集中于紧凑型城市设计，并最终体现在混合土地利用以及普及公共交通上。

随着热岛效应、空气污染等各类城市环境问题在 20 世纪末的日益严重，包括热、湿、风、大气环境等在内的城市物理环境研究逐渐被重视，这一领域研究的先行者奥克（Oke，1987）将之统称为城市的微气候环境[67]。相关研究证实，城市冠层形态、街道层峡中建筑的高度与分布，能够改变通过城市上空的自然风径流，从而影响局地微环境气候（Pielke et al.，2002；Arnfield，2003）。而对于热岛效应的相关研究，特别是通过遥感影像进行地表温度反演，显示出城市的规模、结构和布局对于热岛效应有着重要的影响，特别是绿地、水体在削减城市热岛效应方面的巨大作用被广泛认可。因此，从城市规划设计层面对城市用地布局和空间形态进行控制，对于改善城市微气候环境具有重要意义。

对城市热、风等环境的正确认知和模拟是合理的城市规划设计的基础。数值模拟作为与实地测量、风洞试验并行的 3 种主要研究方法之一，随着计算机仿真技术的应用得到了巨大的发展。Dabberdt 等（1973）、Lee 等（1994）、Hassan 等（1998）、He &Song（1999）以及 Hamlyn &Britter（2005）分别通过数值模拟的方法对城市街道峡谷中污染物的扩散过程，街道风环境模拟及其受城市粗糙度的影响等问题进行了研究。而近年发展起来的一种有效的流体运动模拟技术——计算流体力学技术（Computational Fluid Dynamics，CFD）能够对温度场、湿度场、速度场、浓度场等各种流场进行分析、计算和预测，开始被广泛应用于建筑和规划的风、热等环境模拟分析中。其中以日本学者运用 CFD 技术对城市热环境方面进行的研究最具代表性：Mochida（1997）、Yoshida 等（2000）、Kazuya Takahashi 等（2004）、Sasaki 等（2008）运用 CFD 技术分别对大东京、京都、仙台、原町市等地区，对热岛分布、热岛效应贡献因子等方面进行了较为深入的模拟研究。此外，Williamson 等（2001）、Dimoudi 等（2003）、Vieira（2003）、Willemsen 等（2007）、Pullen（2005）、Sabatino 等（2007）利用 CFD 技术进行的城市微气候的评估、植被对城市微气候的影响、热环境模拟、风环境舒适性设计、城市街道中污染物扩散等方面的相关研究，均对 CFD 应用于支撑城市形态规划设计决策具有重要的借鉴意义。

（二）国内研究综述

我国的低碳生态规划研究起步较晚，特别是主要技术方法层面，目前为止基本上仍处于引入国外先进技术方法的发展状态，创新性工作主要集中在对具体技术方法的修正以及部分分析方法的融合创新上。

作为最具代表性的生态规划空间支撑技术方法，生态适宜性评价在我国也被广泛应用。能够检索到的研究工作起始于 1994 年左右，晚于国外 20 余年，迄今为止与生态适宜性、土地适宜性评价相关的中文文献可检索到近 400 篇，远高于该领域同期外文文献数量，且近年来生态适宜性评价相关的外文文献也多为我国学者的研究成果。研究内容上，除了运用在一般的土地建设适宜性评价方面，也被广泛应用于土地整治、生态网络格局规划、人居环境、水土保持修复、矿区开采条件等相关评价领域。技术方法上，除了传统生态适宜性评价方法应用，以对现有技术方法的修正以及引入其他学科的相关分析方法等工作为主。如刘刚等（2011）将 XML 的动态指标管理技术运用到土地适宜性评价中[68]，王世东等（2012）运用极限综合评价法对土地复垦适宜性评价进行了研究[69]，焦胜等（2013）将景观连通性理论应用至城市土地适宜性评价中[70]。同时，针对不同的评价对象和工作目标，指标体系的构建和权重的设定也在一定程度上体现了相关工作的创新性。

在城市微气候环境方面，目前我国学者针对此领域进行的创新性研究相对较少。华南理工大学建筑节能研究中心建立了城市微气候的现代观测实验方法、基于 CFD 软件建立了城市微气候通用数值模拟方法，建立了城市小尺度区域热安全、热舒适和建筑能耗的耦合数值模拟体系，并编制了住房和城乡建设部出台的行业标准《城市居住区热环境设计标准》（JGJ 286—2013），开发了城市热环境评价工具等[71]。刘加平等（2011）的研究指出，和城市肌理形态直接相关的天空开阔度（SVF）、广场、街道空间的比例、街道的走向、城市植被组团等因素对城市的物理环境有影响[72]。丁沃沃等（2012）对于城市形态与微气候环境之间的关联性研究，提炼了城市肌理形态、城市肌理体量单元等概念，以及热舒适度、风舒适度和呼吸性能等指标，同时分别为城市肌理优化和城市街道空间优化提出了相关表述指标[73]。

除此以外，国内研究除了简单的微气候观测对比或优化对策设计外，基本为 CFD、BIM 等相关模型和软件对不同地区和不同尺度的城市空间微气候环境的分析应用。

（三）重点研究问题

1. 用地选择与生态适宜性

用地选择是城乡规划的核心内容之一，生态适宜性是目前认可程度最高的用地选择支撑技术方法，但仍存在许多尚需研究的内容，包括生态适宜性评价方法的优化，以及如何结合生态适宜性评价结果和城市发展的客观需求进行用地选择问题。

2. 用地布局与减碳低碳

城市空间结构能够间接影响碳排放，特别是具体用地布局对于碳排放的特定影响需要具体深入研究，包括用地布局影响碳排放的作用机制，不同用地布局模式的碳减排效益以及以低碳为目的的用地布局选择。从已有的研究成果来看，通过用地布局优化实现交通减量和交通方式引导是研究重点。

3. 空间形态与环境舒适

环境舒适是城市发展以人为本的追求的重要体现，在规划层面可以通过空间塑造实现。空间形态与环境舒适的研究内容主要包括二者的表征指标及其相关关系，空间形态影响环境舒适度的作用机理，不同空间形态的环境舒适影响模拟是目前的主要研究方法。

二、相关技术方法

（一）用地适宜性选择

1. 用地适宜性技术方法

土地生态适宜性评价的基础是各类因素在空间分布上具有的差异性，即评价范围内不同的地形、地质、植被、气候、水文、土地覆盖和生态敏感单元分布决定了作为建设用地的适宜程度的差异，通过各种因素适宜性差异的综合来评价整体适宜程度。

最初的土地生态分析方法由 McHarg 运用于纽约斯塔藤岛的土地利用规划中，当时是将单一的生态因子按深浅不同的 5 个等级绘制在透明纸上，等权重叠加，得出最终的适宜性分析图。随着信息技术的发展，特别是相关计算机软件的应用，使从选择单一的基础性因子发展到由基础性因子组合成层级结构，形成复合类因子，并且对于不同类型的因子赋予不同的权重。目前的适宜性评价过程已不是最初的手工绘制地图的叠加，而是基于 GIS 技术进行的空间分析，其基本公式可以表示为：

$$S = \sum_{k=1}^{n} S_k \times W_k \tag{4-1}$$

式中　S 为某土地单元适宜性评价的总得分（指数和）；

　　　W_k 为参评指标 k 的权重系数；

　　　S_k 为该土地单元参评指标 k 的得分。

最后，将所有地块按照指数和大小排序，以经验或统计确定指数和的分等界线，划定各种适宜性级别。

2. 案例研究

以江阴市 [74] 为例，针对其沿江地区存在地裂缝、地面不均匀沉降等问题，开展用地适宜性评价，以指导城市建设用地布局。

1）评价方法

以指导城市用地布局为主要目的，分析土地的自然生态条件，评价土地用于城市建设的适宜程度和限制性大小，从维持生态系统稳定和实现可持续发展的角度为城市建设提供指导。

应用地理信息系统的空间分析和运算功能，综合考虑地形、地质、植被、气候、水文、土地覆盖、生态敏感单元等多种因素。参照式（4-1）的计算方法，按照指数和大小排序，以经验或统计确定指数和的分等界线。评价得分为 1 ~ 10，适宜程度随分值增加而提高。

2）评价指标

（1）坡度

根据《城市用地竖向规划规范》（CJJ 83—99）中对城市建设用地的适宜性评价标准，将坡度分为 0% ~ 5%、5% ~ 10%、10% ~ 20%、20% ~ 25%、大于 25%5 个级别，适宜性等级随坡度增大而降低，如图 4-1 所示。在总体评价中，将大于 25% 地区作为不适宜建设区，坡度在 10% ~ 25% 的地区划为较不适宜建设区，坡度在 0% ~ 10% 的地区划为适宜建设区。

（2）地裂缝

地裂缝是在特定的地质环境背景条件下，地面不均匀沉降导致的地表破裂形式。

截至 2006 年底，江阴市调查共发现地裂缝灾害点 4 处，分别为长泾镇中心区地裂缝、长泾镇河塘社区地裂缝、祝塘镇河湘村地裂缝及夏港西小庄地裂缝。地裂缝呈东北向展布，延伸长度一般 300 ~ 600m，影响宽度 20 ~ 60m。

（3）地面沉降

因地下水长期超量开采，江阴市平原区已形成了江阴南部及西北部两个地面沉降漏斗，

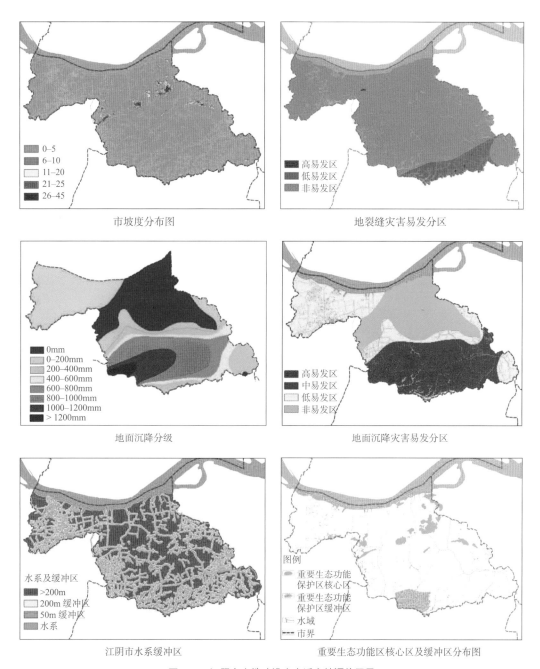

市坡度分布图

地裂缝灾害易发分区

地面沉降分级

地面沉降灾害易发分区

江阴市水系缓冲区

重要生态功能区核心区及缓冲区分布图

图 4-1 江阴市土地建设生态适宜性评价因子

资料来源：江苏省城市规划设计研究院．江阴市城市总体规划（2011—2030），2011.

至 2006 年底，沉降中心最大累计沉降量达 1.3m 以上。

  地面沉降高易发区主要分布在江阴市域南部的青阳、徐霞客、祝塘、长泾等地。该易发区内地貌形态主要为冲湖积平原及三角洲平原，地势低平，地面高程 1 ~ 4m，第四系松散层厚度 100 ~ 170m 不等，高压缩土层和含水砂层发育。由于曾长期超量开采地下水，第Ⅱ承压水位埋深普遍低于 50m，最深已超过 70m，累计沉降量大于 800mm，最大累计沉降量达 1300mm 以上，地下水禁采后，地面沉降态势趋缓，地面沉降速率已由 20 世纪 90 年代的 80 ~ 100mm/ 年降至 10 ~ 30mm/ 年。

（4）水系

河流水系是城市中自然环境的重要组成部分，城市河流水系构成了城市的自然骨架。地表水域在提高城市景观质量、改善城市环境、调节城市温度湿度、维持正常的水循环等方面起着重要的作用，同时也是引起城市水灾、易被污染的环境因子。随着社会生产力的迅速发展，人类对自然的影响越来越大，河岸带及其植被也受到越来越强的干扰。河岸带的生态功能退化，将给人类的生产、生活造成许多危害，如河流防洪能力减弱、水质下降、河岸带生境恶化等。

在绝大多数情况下，河岸缓冲区的功能效益与宽度明显相关。根据国内外的相关研究，将河岸缓冲区的宽度设定为 50 ~ 200m；50m 范围内限制建设，50m 到 200m 之间适宜性随距离逐渐增加。

（5）重要生态功能区

江阴市重要生态功能保护区主要包括长江窑港水源地、利港水源地、小湾水源地和肖山水源地、要塞森林公园、定山和低山生态公益林及马镇河流重要湿地，其中，各生态功能区的核心区为禁建区。

3）评价结果

根据评价指标进行各要素单项评价，结合现状建设用地及未来城市发展预测，然后对各要素评价结果进行叠加，得出江阴市城市生态适宜性评价图，包括城市总体规划区范围内的禁止建设区、限制建设区、适宜建设区和已建区，从而合理指导城市建设用地布局（图 4-2）。

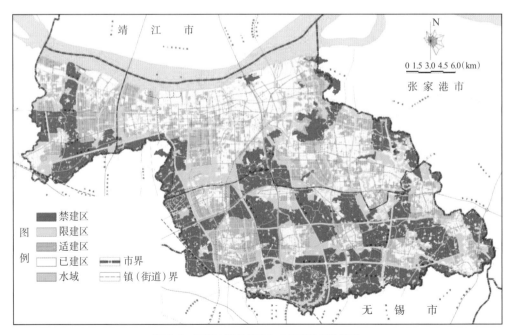

图 4-2　江阴市建设用地生态适宜性评价结果

资料来源：江苏省城市规划设计研究院 . 江阴市城市总体规划（2011—2030），2011.

（二）交通与土地利用一体化技术方法

交通与土地利用一体化模型是融合交通需求模型与土地利用模型发展而来的。交通需求模型在 20 世纪 50 ~ 60 年代的美国开始广泛应用，80 年代引入我国，四阶段法模型是其典型代表；土地利用模型是在劳瑞模型的基础上发展起来的，劳瑞模型阐述了就业区位和居住区位的关系。随着交通需求模型和土地利用模型的各自发展，交通与土地利用一体化的开发得到了重视，目前交通与土地利用模型在国外规划实践中已成为一种必要的分析手段，如在 2007 年大伦敦地区的规划中，采取动态和静态模型结合的研究方法对未来的城市发展进行预测。国内对于交通与土地利用模型的研究才刚刚起步，而开发一个成熟的模型需要一个长期的过程，其时间成本与费用成本也是巨大的，如美国的 URBANSIM 模型从 2002 年开始开发，目前仍然处于研究向实践的过渡阶段。从国内外的现有发展模型来看，至今已产生了数十种模型，按照模型的建模理论基础可将其分为七类[75]。

1. 交通与土地利用一体化模型

1）空间互动模型（Spatial Interaction Models）

这类模型的主要理论基础是物理学中的重力原理，在模拟用地变化方面，将人口和就业岗位的分布视为地区的吸引性和出行成本的函数。这类模型的一个主要缺陷是影响空间选址行为的因素无法表达，地产市场及其价格机制也没有考虑，对更为细致的空间划分处理也是力不从心。模型主要有 DRAM/EMPAL、ITLUP、METROPILUS、LILT 等。

其中 DRAM/EMPAL 是最为典型的代表。DRAM/EMPAL 是基于劳瑞模型的基础上开发的，利用最大熵理论提升了劳瑞模型的精度，在 20 世纪 90 年代曾经是美国应用最为广泛的模型。

其中 DRAM 模型是一个单约束的空间交互模型，主要预测一个区域的吸引力，见式 4-2。

$$W_i^n = (L_i^v)^{q^n} (1 + x_i)^{r^n} (L_i^r)^{s^n} \prod_{n'} [(1 + \frac{N_i^{n'}}{\sum_n N_i^n})^{b_n^{n'}}] \qquad (4\text{-}2)$$

式中　　W_i^n——一个区域的吸引力；

　　　　L_i^v——这个区域可开发的空闲土地面积；

　　　　x_i——可开发土地占已开发土地的比例；

　　　　L_i^r——该区域的居住用地面积；

　　　　N_i^n——n 类居民的数量；

　　　　$N_i^{n'}$——n' 类居民的数量；

　　　　q^n、r^n、s^n 和 $b_n^{n'}$ 均为经验性系数。

EMPAL 模型预测小区中不同类型就业岗位的数量，也是一个改进的单约束空间交互模型，见式 4-3。

$$E_{j,t}^R = \lambda^R [\sum_i P_{i,t-1} A_{i,t-1}^R W_{j,t-1}^R f^R(c_{ij,t})] + (1 - \lambda^R) E_{j,t-1}^R \qquad (4\text{-}3)$$

式中　　$E_{j,t}^R$——小区 j 内在时间段 t 时 R 类就业岗数量；

　　　　$P_{i,t-1}$——小区 j 内在时间段 $t-1$ 时住户数总量；

　　　　$A_{i,t-1}^R$——小区 j 内在时间段 $t-1$ 时的平衡项；

　　　　$W_{j,t-1}^R$——小区 j 内在时间段 $t-1$ 时活动 R 类活动的吸引性；

　　　　$f^R(c_{ij,t})$——在时间段 t 时 R 类活动从 i 小区到 j 小区的出行成本函数；

$E_{j,t-1}^{R}$ —— 小区 j 内在时间段 $t-1$ 时 R 类就业岗的数量；

λ^{R} —— 经验性参数。

j 小区在 $t-1$ 时间段的吸引力 $W_{j,t-1}^{R}$ 和在 $t-1$ 时间段平衡项 $A_{j,t-1}^{R}$ 可以通过如下公式获得：

$$W_{j,t-1}^{R} = (E_{j,t-1}^{R})^{a^{R}} L_{j}^{b^{R}} \qquad (4-4)$$

$$A_{j,t-1}^{R} = [\sum_{j} W_{j,t-1}^{R} f^{R}(c_{ij,t})]^{-1} \qquad (4-5)$$

式中　L_j 为小区 j 的总面积；

α^{R}，b^{R} 为经验性参数。

DRAM/EMPAL 模型主要优缺点如表 4-1 所示：

DRAM/EMPAL 模型的主要优缺点 　　　　　　　　　　　　　表 4-1

模型	优点	缺点
DRAM/EMPAL	模型结构稳定，模型的校核相对简单； 数据的获取相对容易； 可以引入一些表征当地特征的约束条件； 被大量的地区应用予以验证	采用了统计的、集计的方法而无法表达个人的选择行为； 由于变量设置较少，无法全面地表达基础设施改进对用地布局的影响； 无法进行敏感性分析

2）空间输入输出模型（Spatial Input-Output Models）

这类模型主要是基于经济学中的输入输出理论。输入输出模型主要描述经济活动的空间选址行为以及由此产生的区域之间人或货物的流动。在这类模型中，经济流可以转化为交通流量，交通流量加载到交通网络中去后又影响空间经济活动。交通需求模型也是整个模型的一部分，这类模型考虑了地产和劳动力市场等因素。典型代表有 TRANUS、MEPLAN 和 DELTA。

TRANUS 模型是一个交通与土地利用完全融合的模型。与单纯的交通模型相比，该模型在预测未来年的城市空间变化时所依赖的不仅仅是经济活动的增量和选址，也包括交通政策对用地市场及活动选址的影响，交通政策的影响主要体现为对交通可达性和空间选址的行为机制影响。TRANUS 模型开发的初衷是模拟城市交通政策、经济政策及环境政策对城市发展的影响，主要用来评估交通政策对空间选址行为、经济活动之间的影响以及对用地市场的影响。TRANUS 模型在很多项目中被应用，包括波哥大地铁系统、瓦伦西亚的交通与土地利用一体化模型、俄亥俄州的交通与土地利用模型等。TRANUS 模型的主要优点和缺点如表 4-2 所示。

TRANUS 模型的主要优缺点 　　　　　　　　　　　　　表 4-2

模型	优点	缺点
TRANUS	在许多国家或地区进行了应用； 用户友好的交互式图形界面、面向对象的数据库以及 GIS 交互处理能力； 适用范围广泛，包括城市、地区以及一个国家	空间分辨率不够高，采用小区划分的形式； 需要一个 GIS 软件来进行结果的图形表达

3）线性程式模型（Linear Programming Models）

这类模型由一个或者多个目标函数及一系列约束条件构成。通过对各类用地的分配优化一个或者多个目标函数，这些目标的内容多样，如假定个人房租支付能力的最大化，或者环境影响的最小化、人口收入的最大化、发展成本的最小化（或者说发展收益的最大化）等。对于不同的用地布局，这类模型用于解释哪种用地布局在优化交通流量方面是更合适的，但是对于交通系统的变化或者用地政策变化所引起的经济活动行为的反应方面则是乏力的，同时对于一些约束用地发展和交通系统投资的控制性政策和决策的过程，这类模型也难以用数学语言准确地描述。

这类模型的典型代表有 POLIS 模型、TOPAZ 模型。其中 POLIS（Projective Optimization Land Use System）模型是 1969 年用于莱茵河畔的科隆而开发的，后来又在旧金山的北海湾等地区使用。该模型通过迭代的方式来模拟人口、就业、用地及交通流的空间分布。模型中的目标函数从随机效用理论中推导而来的，以描述个体在面临一个选择集时从自身效益最大化方面做出选择的机理。POLIS 模型的主要结构如式 4-7 所示：

$$
\begin{aligned}
\operatorname{Max} Z(T_{ijm}, S_{ij}^k, \Delta E_i^n, \Delta H_i) \\
= -(1/\beta)\sum_{ijm}[\ln(1/W_i\sum_m T_{ijm})-1]-(1/\lambda)\sum_{ijm}T_{ijm}[\ln(T_{ijm})] \\
-\sum_{ijm}T_{ijm}c_{ijm}-\sum_{k\in K}(1/\beta_k^S)\sum_{ij}S_{ij}^k[\ln(S_{ij}^k/W_j^k)-1]-\sum_{ijk}S_{ij}^kc_{ij}^k+\sum_{i,n\in K}(f_i^n)\Delta E_i^n
\end{aligned}
\qquad(4\text{-}6)
$$

式中　　T_{ijm}——从 i 小区到 j 小区以使用 m 方式的工作出行数量；

S_{ij}^k——商业或者其他服务业部门 k 的出行数量；

ΔH_i——i 小区内增加的住户数；

c_{ijm}——小区内部以方式 m 出行的费用；

c_{ij}^k——商业或者其他服务业部门 k 的出行费用；

W_i——小区 i 对居住的吸引性；

W_j^k——小区 j 作为中心对商业或其他服务业活动的吸引性；

f_i^n——小区 i 的集聚梯度函数；

ΔE_i^n——基础部门 n 在小区 i 中提供的附加就业岗位数量；

β、β_k^S、λ——待估参数。

POLIS 模型的主要优点和缺点如表 4-3 所示。

POLIS 模型的主要优缺点　　　　　　　　　　　　　　　　表 4-3

模型	优点	缺点
POLIS	对家庭类型的分类及对各类活动的空间选址行为的模拟较为细致； 采用了简单的线性程序模拟了市场清理机制； 考虑了政策因素对用地供应情况的约束； 具有较好的可操作性	目标函数及其约束条件均为线性函数，这与实际情况并不总是一致的； 模型需要的数据量大，精度要求高； 模型的迭代保障了独立住户的空间分配在一个迭代期内是最优的，但是并不能保障从集计的角度也是最优的

4）微观仿真模型（Micro-Simulation Models）

随着计算机技术的发展，微观仿真模型得到开发和应用。微观仿真模型主要以行为理论为基础，通过对个体行为的累积来表达整个系统的行为，其交通模型的部分与基于活动链的出行需求预测模型在原理上类似。这类模型的主要代表有 NBER/HUDS、MASTER、IRPUD，还有近年来多受关注的面向对象设计的 URBANSIM 模型。

URBANSIM 模型通过栅格网单元采用动态离散化分析，整合城市规划、土地利用、交通运输和公共政策等多个因素的综合影响，这为信息技术、数字技术在城市规划领域从表现手段延伸到分析工具的突破，做了极具借鉴意义的尝试。URBANSIM 模型开发的动机是研究、表述相关政策对城市环境、社会和经济的影响，这类政策包括对基本农田、森林、湿地以及开敞空间的保护等；基于这些政策的可能策略可以是城市及都市区范围的城市增长边界管理或者是街道设计、用地混合、街区层面的行人出入口设置等。URBANSIM 模型是在离散选择理论基础上建立的。通过模块设计，它可以模拟住户选址、就业选址、地产开发，可以与交通模型进行融合从而包含了城市的动态性。URBANSIM 模型由 8 个核心模型构成，分别为人口发展模型（Demographic Transition Model）、经济发展模型（Economic Transition Model）、住户变动模型（Household Mobility Model）、就业岗位变动模型（Employment Mobility Mode）、住户选址模型（Household Location Model）、就业岗位选址模型（Employment Location Model）、地产开发模型（Real Estate Development Model）以及地价模型（Land Price Model）。在实践应用方面，目前仅在美国盐湖城等少数城市或地区获得实践，而且因为基于美国国情，对交通需求分析和土地影响监控主要集中在对私人小汽车的出行模型研究上，对于步行和自行车交通模型的分析仅仅作为一种补充。由于目前交通模型和用地模型尚未完全融合，交通模型相关参数的计算需要依赖其他成熟的交通软件。URBANSIM 模型的优缺点如表 4-4 所示：

URBANSIM 模型的主要优缺点　　　　　　　　　　　　　　　　表 4-4

模型	优点	缺点
URBANSIM	模型的动态行为基础以及面向对象的设计使得模型表达清晰透明，对于使用者或者决策者而言模型可理解性、解释性较好； 能够真实反映城市的发展过程，模型的改进、更新比较方便，与其他模型如环境评价模型的交互也比较容易； 对空间的解析度或者分辨率较高，目前采用的是 150×150 的网格形式； 丰富和强大的数据处理能力，可以生成 2 维、3 维的地图以及各类图标，便于帮助模型的调试； 源程序代码公开，可根据自己的需要修改和改进	庞大和高精度的数据要求； 目前仅在美国盐湖城等少数城市使用

5）离散选择（随机效用）模型（Rondom Utility/Discrete Choice Models）

离散选择模型主要是用来描述个体选择行为的模型，离散选择模型技术在交通需求模型中被广泛运用，特别是在出行方式划分中。该模型也可以应用于用地规划中，例如住宅或者公司的选址决策。丹尼尔·麦克法登基于随机效用理论建立了离散选择模型，包括 Logit 模型、巢式 Logit 模型、PROBIT 模型等，模型具有较强的经济理论基础，成为预测个体面临有限选择集时的选择行为的一种标准方法。

典型的交通与土地离散选择模型为 METROSIM 模型，该模型是一个城市模拟模型，由 Alex Anas 和 Associates（1998 年）以经济学理论为基础来模拟城市交通系统与用地系统之间的相关性，包括城市与交通发展政策对都市空间的影响。METROSIM 模型预测交通流量、就业岗位变化、居住和商业建筑增量、用地变化等，也可以进行交通项目或政策的成本效益分析。该模型采用了市场清理机制，试图在 3 个主要市场达到平衡，包括劳动力市场、住房市场和商业建筑供应市场，在 3 个主要市场与交通系统之间进行迭代计算，直至用地和交通流量均达到一个平衡状态。该模型的主要优缺点见表 4-5。模型在美国的一些城市得到了应用，包括芝加哥、休斯敦、纽约、圣地安哥等。

METROSIM 模型的主要优缺点 表 4-5

模型	优点	缺点
METROSIM	以经济学理论为基础,可有效地模拟市场对用地变化的影响； 可以表达用地政策对用地变化的影响； 模型的运行速度较快	不是基于 GIS 来开发的，模型的建立与数据的处理比较复杂； 使用费用昂贵

6）元胞自动机模型（Cellular Automation Models）

元胞自动机已经被应用于多个领域；包括物理学、化学、生物学、社会学、地理学等，作为一个重要的模型和模拟工具也被广泛应用于城市规划。在元胞自动机模型中，以"已发展"和"未发展"的元胞状态代表城市形态，并根据转变规则来决定元胞在下一个离散时间点的状态，以此方式模拟都市未来的演化过程。

这类模型的典型代表是 SLEUTH 模型。SLEUTH 模型主要模拟城市非建设用地——包括农业、森林、湿地、水面等，向建设用地——包括居住、商业、工业、混合用地以及其他用地的转变过程，以解析城市空间的蔓延过程，以及这种过程对城市环境的影响。模型的一个假设条件是城市的历史发展趋势将在未来继续，未来的发展预测基于这一趋势。在这一假设下，所有的元胞状态将在某一个时间点被同时更新，一个元胞的状态取决于该元胞的前一时间点的状态和周围元胞的状态；每一个元胞被用于模拟用地的变化，每个元胞用地状态的预测主要基于本地因子（包括道路、现状城市面积、地形地势）、时间因子和随机因子。城市用地主要定义为 4 种类型，分别为居住用地、商业用地、混合用地和工业用地。SLEUTH 模型被广泛应用于美国的一些大城市地区，包括华盛顿、旧金山以及费城等；我国台湾地区也有应用，近年来在大陆地区的城市规划中也进行了一些应用实践，如《南通市城市总体规划》等。该模型的主要优缺点见表 4-6。

7）发展规则模型（Rule Based Models）

这类模型是基于经济理论和市场规划而开发的。但对于复杂的经济市场过程，这类模型又不具备足够的弹性来进行模拟。

SLEUTH 模型的主要优缺点   表 4-6

模型	优点	缺点
SLEUTH	可以模拟 4 种类型的用地增长（自发增长、扩散增长、有机增长和道路影响增长）； 可以提供图形化和相关数据统计输出结果； 可以允许进行相对简单的情景分析	除了可以分析道路对用地变化的影响外，无法处理人口、政策以及经济对用地变化的影响； 模型是基于对历史发展趋势的外延式模拟，并非建立在经济理论基础之上的； 土地增长的假设不一定成立

  这类模型的典型代表有 CUF 模型。CUF 模型是利用 GIS 建立可发展土地单元的空间资料库，将都市地区的土地利用类型分为 9 种用途，影响土地利用变迁的因子则分为 6 大类解释变数，利用多项 Logit 模型，推估其对各种土地使用变迁方式的影响，接着以模型所计算出的各种土地利用的转变几率作为竞争分数（bid score），引入竞争模型，即以竞争分数高的方格，优先转变为其指向的土地使用方式，一旦达到目标所预测的使用量，则以次高的竞争分数取代之，依次类推。该模型的主要优缺点见表 4-7。

CUF 模型的主要优缺点   表 4-7

模型	优点	缺点
CUF	操作简便，可视化，可以允许用户快速进行情景分析（一般可以在几个小时内完成模拟）； 具有良好的可扩展性，采用了模块化建模的方式，用户可以根据自身需要来添加相对独立的子模型； 可以模拟政策变化的影响，对不同发展情景的模拟主要是基于政策的区别	目前该模型尚不对外出售使用； 对数据的精度要求高； 模型的校核需要大量的统计学知识； 其输出结果也可能具有空间自相关性

  2. 模型综合比较

  为了便于对各类模型进行比较，选择适合的城市规划应用模型，现从以下几个角度对各类模型进行综合评价：①交通与土地利用一体化运作程度；②可操作性；③图形化界面；④ GIS 数据处理能力；⑤经济学理论基础；⑥模拟人口结构变化；⑦模拟市场机制；⑧考虑收入水平；⑨智能化程度。在此基础上对各类模型进行计分比较，如表 4-8 所示。

各类交通与土地利用一体化模型的综合对比分析   表 4-8

模型	①	②	③	④	⑤	⑥	⑦	⑧	⑨	得分
DRAM/EMPAL	N	N	Y	Y	N	N	N	Y	Y	4
TRANUS	Y	Y	Y	Y	Y	Y	Y	Y	N	7
POLIS	Y	Y	N	N	Y	N	Y	N	N	4
URBANSIM	N	N	Y	Y	Y	Y	Y	Y	Y	7
SLEUTH	N	N	N	N	N	N	N	Y	Y	2
CUF	N	Y	Y	Y	Y	N	Y	N	N	5

注：Y 表示考虑了这部分内容；N 表示尚未考虑这部分内容；U 表示尚不清楚是否考虑这部分内容

从上表中对模型的评价来看，TRANUS、URBANSIM 的得分最高，在 9 项中有 7 项的得分，其中 TRANUS 模型属于输入输出模型，URBANSIM 属于微观仿真模型，且目前 TRANUS 与 URBANSIM 均属于免费使用的模型。在实际的应用中，需要考虑模型本身特征与具体城市发展的适应性以及模型应用的可操作性等方面，进行针对性、实用性选择。

3. 案例研究

以《江阴市城市总体规划（2010-2030）》为例，通过基于 TRANUS 的交通与土地利用一体化技术应用研究，探讨交通与土地利用一体化模型的应用。

1）TRANUS 模型原理

TRANUS 模型在结构上借鉴了空间经济学理论中的"输入输出表"，其主要理论基础还包括最大熵理论、随机效用理论等。该模型对于交通与土地利用关系的处理可以分为 3 个部分：土地利用模型、交通模型以及交通与土地利用之间的转换模型。同时交通与用地之间影响的时差效应也在本模型中得到较好的体现。（图 4-3）

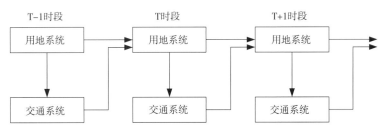

图 4-3　TRANUS 模型交通系统与用地系统之间的动态平衡关系

资料来源：江苏省城市规划设计研究院 . 江阴市城市总体规划（2011—2030），2011

2）模型建立

用地模型建立。结合我国城市总体规划中用地类型的分类要求及江阴市现状数据的完善程度，设置 14 个类型，分别为工业就业岗位、行政办公就业岗位、商业就业岗位、文体娱乐就业岗位、医疗就业岗位、教育就业岗位、人口、工业用地、行政办公用地、商业用地、文体娱乐用地、医疗卫生用地、教育用地以及居住用地。

交通模型建立。研究结合我国城市道路等级分类以及建模分析深度的要求，设置了如下 11 种路段类型，分别为快速路、主干路、次干路、支路、小区连接线、停车换乘路段、轨道线路路段、快速公交路段、公交专用道、出入站连接线、小汽车收费路段。

通过以上对用地模型及交通模型的定义，把本案例中各类活动之间的空间作用分为两类交通流：通勤流、其他流。各部门、各类交通设施供应、各种交通方式以及两类交通流量之间的相互关系如图 4-4 所示：

3）情景模拟定义

模型经过校核验证，将对未来的发展情景进行模拟。一是延续现状的蔓延式发展；另一种为进行一定空间发展管制的 TOD 发展模式。考虑到规划年限为 2030 年以及江阴市近几年来城市发展的速度，采用 5 年作为一个时间段进行分析，即每个情景需要对 2015 年、2020 年、2025 年、2030 年的发展情况进行模拟，如图 4-5 所示。

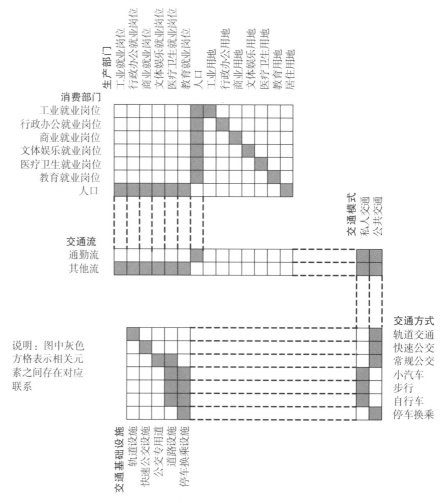

图 4-4 交通类型与用地类型各要素之间的关系

资料来源：江苏省城市规划设计研究院.江阴市城市总体规划（2011—2030），2011

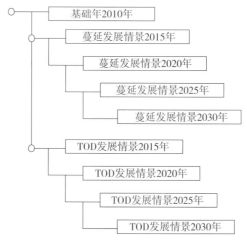

图 4-5 情景及分析年份结构图

资料来源：江苏省城市规划设计研究院.江阴市城市总体
规划（2011—2030），2011.

4）情景发展条件设置

情景一采用不限制用地开发的模式，对城市空间发展采取以各镇为核心的发展模式，除了对农田保护区进行禁止开发外，不施加约束空间发展的其他条件，在发展模式上仍然采用以公路为主导的发展方式。在土地供应模式上也主要以增大外围各镇的供应量为主。按照相关预测，各年限工业、商业、居住三类用地的供应量如表 4-9 所示。

土地利用供应总量一览表　　　　　　　　　　　　　　　　表 4-9

用地（km²）	2015 年	2020 年	2025 年	2030 年
工业用地	130	130	127.5	125
居住用地	73.4	86.4	109.5	127.5
商业用地	15.5	21.1	29.4	35.5

情景二采用了 TOD 开发模式，因此在土地供应上对一些区域限制开发和进行生态保护，在一些轨道交通站点周边区域鼓励开发，同时也制定了相关的配套政策。中心城区集约化开发，以优化土地供应和"退二进三"调整为主。根据城市空间与交通协调发展战略方案，江阴市城市轨道交通是实现城乡统筹发展的重要支撑，对轨道交通站点周边 1km范围之内鼓励用地开发，增加土地供应，并鼓励高强度开发。同时根据江阴市对环境保护的战略要求，划定一部分生态保护区，在生态保护区内对建设用地实施限制供应。在该发展策略下的土地供应方案如 4-6 图所示。

图 4-6　TOD 发展模式下的土地利用供应分布

资料来源：江苏省城市规划设计研究院 . 江阴市城市总体规划（2011—2030），2011.

5）情景对比分析

从人口分布、土地利用、交通运行层面对两种发展情景进行定量化分析。

（1）人口分布

两种发展情景下对人口密度的模拟结果如图4-7、图4-8所示。从分布特征来看，在延续现有模式发展情景下，人口在全市域范围内的分布将更加均质化，特别是城市东部、南部的人口增量更为明显，呈现连片发展特征，中心城区人口约153万。而TOD模式发展情景下，中心城区人口约172万，人口集聚较情景一更为明显，体现了中心放射式轨道交通线网对中心城区吸引力的提升作用，第二种情景也体现了江阴南部设置不开发区的战略意图。

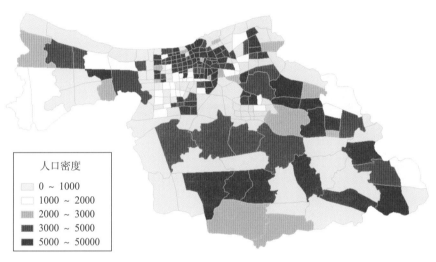

图4-7　延续现状趋势发展情景下2030年人口密度分布

资料来源：江苏省城市规划设计研究院 . 江阴市城市总体规划（2011—2030），2011.

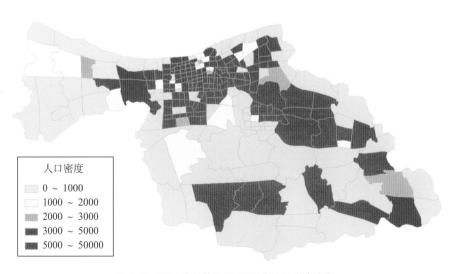

图4-8　TOD发展情景下2030年人口密度分布

资料来源：江苏省城市规划设计研究院 . 江阴市城市总体规划（2011—2030），2011.

（2）土地利用

在现状趋势发展情景下与 TOD 发展模式下，人均消耗的居住用地面积分别为 43m²、38m²；商业就业岗位平均消耗的用地面积分别为 37m²、28m²。TOD 发展模式对于江阴市人多地少的市情而言无疑是更为有效的。两种发展情境下各个小区内人均、岗均消耗土地面积如图 4-9、图 4-10 所示。

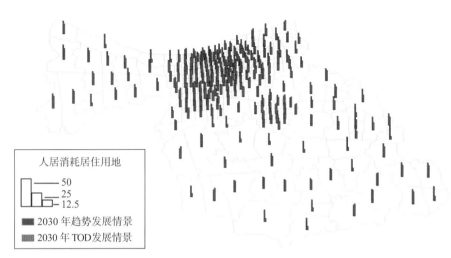

图 4-9　两种情境下 2030 年人均消耗居住用地比较

资料来源：江苏省城市规划设计研究院 . 江阴市城市总体规划（2011—2030），2011.

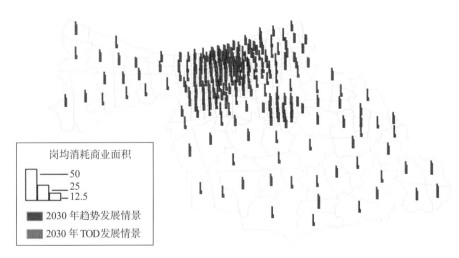

图 4-10　两种情境下 2030 年岗均消耗商业用地比较

资料来源：江苏省城市规划设计研究院 . 江阴市城市总体规划（2011—2030），2011.

（3）交通运行

两种情景模式下 2030 年的出行比例结构如表 4-10 所示，在 TOD 发展情境下公共交通出行比例可高达 32.6%，较趋势发展情景高出近 50%，而私人机动车出行比例则降低近 13%。

两种发展情境下的出行结构对比分析   表 4-10

出行方式		非机动车	公共交通	个体机动车
分担率	趋势发展情景	28.4%	17.5%	54.1%
	TOD 发展情景	25.7%	32.6%	41.7%

在 TOD 发展情境下，轨道交通对道路交通的压力起到了明显的缓解作用。根据统计，趋势发展情景下次干路以上等级的平均速度仅为 23.7km/h，而城市核心区与东部片区的联系通道速度仅为 18.9km/h；相比之下，TOD 情景下次干路以上平均速度达到 29.4km/h。

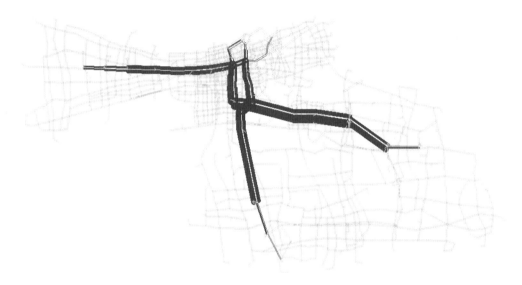

图 4-11　轨道交通断面流量图

资料来源：江苏省城市规划设计研究院.江阴市城市总体规划（2011—2030），2011.

（三）公交与土地利用一体化技术方法

二战后，美国的大都市地区经历了以私人小汽车为主要交通工具向郊区蔓延式的大规模空间拓展过程，逐渐引发了一系列的社会、经济和环境问题。1990 年代初，基于对郊区蔓延的深刻反思，美国逐渐兴起了一个新的城市设计运动——新传统主义规划（Neo-traditional Planning），即后来演变为更广为人知的新城市主义（New Urbanism），主张借鉴二战前美国小城镇和城镇规划的优秀传统，塑造具有城镇生活氛围的、紧凑的社区，取代郊区蔓延的发展模式。Peter Calthorpe 建构了基于新城市主义的大容量公交导向开发模式（TOD），随着 TOD 模式在我国逐步受到重视，相关学者也开始探讨公交枢纽和公交走廊等层面的技术方法。

1. 公交与土地一体化的相关模式

1）大容量公交导向开发模式（TOD 模式）

大容量公交导向开发模式发展主要分为 3 个阶段。

1993 年,Peter Calthorpe 所著的《下一代美国大都市地区：生态、社区和美国之梦》一书,

在分析郊区蔓延所导致的一系列问题及其根
源的基础上，结合保护生态环境和营造宜人
社区的理念，首次建构了新发展模式——大
容量公交导向开发的模式（TOD 模式）（图
4-12），此模式以大容量公交站点为中心，以
适宜的步行距离为半径的范围内，布置包含
中高密度住宅及配套的公共用地、就业、商
业和服务等内容的复合功能的社区。[76]

1997 年，Cervero R 以研究巴西库里蒂
巴、圣保罗、瑞典斯德哥尔摩、美国旧金山
等城市交通发展案例为基础，探讨了 TOD 模

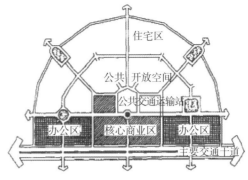

图 4-12　大容量公交导向开发模式

资料来源：戴晓晖 . 新城市主义的区域发展模式——Peter
Calthorpe 的《下一代美国大都市地区：生态、社区和美国
之梦》读后感 [J]. 城市规划学刊，2000[5]：77-108.

式的 3D 原则：高密度（Density）开发、多样
化（Diversity）土地利用、良好的设计（Design）。高密度开发可以缩短出行距离，更加适
合非机动车交通出行（步行、自行车），也更加适合公交出行，由此，公交客流量得到提
高，人均车公里数减少，比较巴西两个城市——库里蒂巴和圣保罗，由于库里蒂巴有很好
的 TOD 规划，城市沿着公交线路高密度开发，而圣保罗是分散型发展，结果是库里蒂巴
公交量更大，对小汽车交通的依赖性更小。多样化土地利用并非指在一个地点多元化，而
是可以沿着一条轨道交通或公交线路开发，将居住、工作、商业和日常活动排在一条公交
线路沿线。例如瑞典斯德哥尔摩，沿着轨道交通线路进行城市开发，把不同性质的用地串
联起来，克服了潮汐式交通的弊端，提高了交通设施的效率。良好的设计，对于交通枢纽
特别关键，如果多功能区域设计得不好，行人、自行车、公共汽车、私人小汽车无序汇聚
将会造成混乱，设计良好，既能达到功能要求，又能保障安全。[77]

近年来，Peter Calthorpe 教授结合中国城市迅速发展的背景以及中国建设低碳、环保、
经济活跃城市的核心策略基础上，提出了 TOD 的 8 项设计原则。①设计适宜步行的街道
和人行尺度的街区：缩短过街距离，强调步行安全和舒适，鼓励底层建筑活动，方便行人
可达。②自行车网络优先：街道设计要考虑自行车的安全和舒适，创造非机动车专用道路
和景观绿道，鼓励自行车出行。③提高路网密度：鼓励步行、自行车出行并优化交通流，
利用多条窄小的道路疏解交通流，避免集中到少量干道上。④发展高质量公共交通：保证
高频率、直达式快捷便利的服务，公交节点设置在居住、就业、服务中心的步行范围内。
⑤混合利用街区：鼓励居住和服务功能的混合，提供可达的公园、社区中心和公共空间。
⑥根据公共交通容量确定城市密度：按公共交通服务能力分配开发密度，在就业中心设置
包含日常功能需求的混合街区。⑦通过快捷通勤建立紧凑的城市区域：新区开发尽量靠近
现有建成区，避免城市无序蔓延，在短程通勤距离内达到职住平衡。⑧调节停车和道路使
用以增加机动性：通过在主要就业区域限制停车来约束早晚高峰开车出行，根据一天内出
行时间和出行目的地的不同来调节小汽车交通。

2）公交枢纽与中心体系的耦合分析

潘海啸、任春洋（2005）针对目前我国城市空间快速拓展与城市交通问题突出、高

密度轨道交通网络将在很大程度上重塑整个城市空间的基础上，提出了轨道交通与城市公共活动中心体系耦合的理论假设。基于交通可达性的影响，轨道交通与城市空间之间的相互作用使得城市空间表现出围绕站点节点（交通可达性最优点）自发组织的空间特征和相关效应。研究表明，即使在两类节点相互分离的情况下，站点地区的可达性和人流集中的优势在空间上会吸引原先的城市中心向站点地区的空间转移。两者的相互作用可表述为 4 个阶段。[78]

第一阶段：由于在现有中心地区难以设置，新的站点设置在中心的周边地区。第二阶段：由于站点地区人流集中，站前商业设施开始聚集，而与此同时中心区的商业设施受到影响，规模开始减少，但并不明显。第三阶段：站前商业发展速度和潜力进入快速增长阶段，现有中心区功能衰退并向站点地区空间转移。第四阶段：站点内部的联合开发也趋于立体化和综合化，站点以及周边地区的再开发的规模增大，进而向周边拓展，同时品质进一步提升，成为新的中心。

由于城市空间的形成受到多项因素的影响，轨道交通站点与城市中心之间空间非耦合的状况出现有多方面原因，但从技术体系角度来看，轨道交通规划以及城市规划技术体系中缺乏明确的"耦合"概念与有关评价检验指标是重要的原因之一。

在目前的轨道交通规划编制中，城市轨道交通线网规划的一般技术路线为：根据城市总体规划所确定的城市发展方向和用地布局特征，分析市域的整体交通服务需求，识别交通走廊，从而确定轨道交通的总体布局结构。在此过程中，现行规划虽然已经明确了"城市轨道交通轴线和城市开发轴线的结合，轨道线路联系各大人流集散和商业活动高度发展地区"，但更多地重视城市级活动中心的交通需求，而对地区中心和社区中心的重视不够，其采用的线网密度、站点密度与距离等评价指标均不能反映城市各级中心和轨道交通站点之间在空间上的耦合程度。基于理想的轨道交通与城市空间的耦合目标，针对城市规划与轨道交通规划衔接和结合，城市公共活动中心体系与轨道交通网络的空间耦合度应当成为轨道交通规划技术体系的重要评价指标。为此提出"空间耦合一致度"指标，包括中心耦合一致度和站点耦合一致度，其中，

$$\eta_1 = \sum_{i=1}^{n_1} \delta_i \cdot \omega_i \Big/ \sum_{i=1}^{\eta} \omega_i \qquad (4\text{-}7)$$

$$\eta_2 = \sum_{i=1}^{n_2} \delta_i \Big/ n_2 \qquad (4\text{-}8)$$

$$\delta_i = \begin{cases} 1, & \text{当两者相叠合时} \\ 0, & \text{其他} \end{cases}$$

ω_i 表示城市中心的权重，市级中心为 4，地区中心为 2，社区中心为 1。

式中　η 为空间耦合一致度指标；

　　　η_1 为中心耦合一致度指标；

　　　η_2 为站点耦合一致度指标；

　　　n_1 为城市中心的个数；

　　　n_2 为轨道交通站点的个数。

η_1 中心耦合一致度指标，反映城市公共活动中心体系得到轨道交通网络的支撑程度，该值越大反映轨道交通网络对城市中心体系网络的支撑越充分。因此，η_1 可视为轨道交通对城市空间发展作用的指标，但没有考虑轨道交通利用的效率。

η_2 为站点耦合一致度指标，考虑到了轨道交通线路的效率。此值越大，反映轨道交通线路网络的效率就越高，η_2 可视为反映轨道交通经济性的技术指标。

3）公共交通走廊一体化分析

公共交通走廊一体化分析从本质上说是公共交通由点到线与土地利用的一体化分析，公共交通一般具有站点的点状聚集效应和整体的廊道作用，主要是 BRT 走廊和公交线路密集的城市道路走廊。

王伊丽、陈学武、李萌（2008）构建了 TOD 交通走廊规划的基本流程，认为城市总体规划与城市交通规划均具有 3 个层次，且每个层次的内容具有一定的对应性和关联性。TOD 交通走廊规划作为土地利用规划与交通规划交互渗透的产物，同样也存在宏观、中观、微观 3 个层次，且各个层次的主要内容很大程度上由城市总体规划与城市交通规划的相应内容决定（图 4-13）。[79]

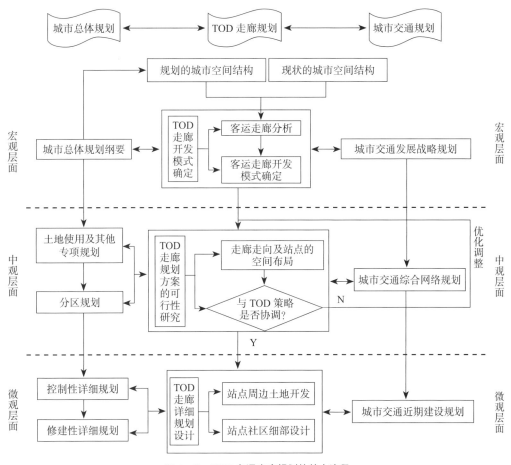

图 4-13　TOD 交通走廊规划的基本流程

资料来源：王伊丽等 . TOD 交通走廊规划与开发模式研究 [J]. 交通运输工程与信息学报，2008（3）：115-120.

宏观层面上，城市总体规划纲要中确定的城市发展目标、城市性质、规模和空间发展关系等，一定程度上指导了交通发展战略的制定；同时，交通发展战略中的远景目标、交通结构、路网框架以及交通发展政策和建议等也会影响总体规划纲要中提出的若干内容。TOD 交通走廊规划需要同时根据城市性质、规模、现状及未来的城市空间结构以及城市交通发展目标等来判断客运走廊的类型以及决定采用何种开发模式，以便适应城市发展的需要。同样，TOD 交通走廊规划过程中得出的新思路和新发现也会促使城市总体规划纲要和交通发展战略规划进行调整。

中观层面上，城市总体规划将在总体规划纲要的基础上，逐步展开土地利用及其他专项规划的具体编制工作。根据城市的实际情况和工作需要，大中城市可以在城市土地使用发展战略规划基础上编制分区规划，进一步控制和确定不同地段的土地用途、范围和容量，协调各项基础设施和公共设施的建设，为下一层面的规划提供依据。城市交通规划作为总体规划的子规划系统，通过与土地利用规划等的相互协调、反馈，最终达到满意的结果，避免出现总体规划中的用地类型与交通规划相冲突的现象。在此基础上，初步确定走廊的走向和站点的空间布局，并进行 TOD 策略协调性分析，经过多轮优化调整循环直至符合 TOD 策略的规划目标为止。此时，土地利用与交通系统将达到良好的匹配程度。

中观层面确定了具体的 TOD 交通走廊规划方案后，微观层面随即就进入了详细设计阶段。与上述层面类似，土地利用与交通规划之间交互作用始终存在。此时，站点周边的土地将依据控规中确定的一一核对，通过依据 TOD 土地开发原则进行适当调整，同时反馈给总规；同样，站点社区细部环节如公交接驳线网的设计可以参照公交线网规划，并根据 TOD 土地利用、人口分布的特点进行规划，也可以反馈给公交线网规划。

2. 案例研究

以深圳市 TOD 框架体系及规划策略为例，探讨公交与土地一体化发展模式研究。深圳市已对轨道交通车站周边的 TOD 开发进行了大量探索，如地铁大剧院站与万象城商业开发的无缝衔接、地铁世界之窗站多种交通方式的无缝接驳等。但与深圳市现有城市规划和交通规划体系相比，TOD 探索仍主要集中在微观层面的片区规划设计，宏观和中观层面的城市规划和交通规划缺乏相应层次的 TOD 衔接。深圳市 TOD 规划策略主要分为宏观、中观和微观 3 个层面（张晓春等，2011）。[80]

1）宏观层面——TOD 总体发展目标及策略（图 4-14）

深圳市 TOD 总体发展目标：以集约化轨道交通方式的建设带动集约化土地利用，大力推进轨道交通建设，实施轨道交通带动城市发展以及行人、公交优先战略，以轨道交通的发展为契机，优化城市空间结构、支撑新城建设和城市更新，整合各种交通方式，全面促进土地利用与交通的协调发展。

深圳市 TOD 总体发展策略：TOD 总体发展目标应逐步向各分区分解，以具体指导各分区 TOD 发展。结合总体规划提出城市宏观战略分区，综合考虑城市空间结构、交通网络布局、交通需求强度、土地发展潜力等主要因素，在符合 TOD 总体发展目标的前提下，重点关注各分区的自身发展特点及发展要求，制定 TOD 宏观分区发展策略。

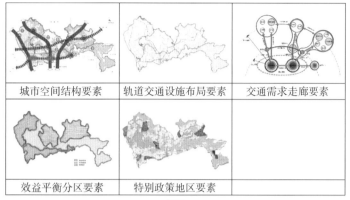

城市空间结构要素	轨道交通设施布局要素	交通需求走廊要素
效益平衡分区要素	特别政策地区要素	

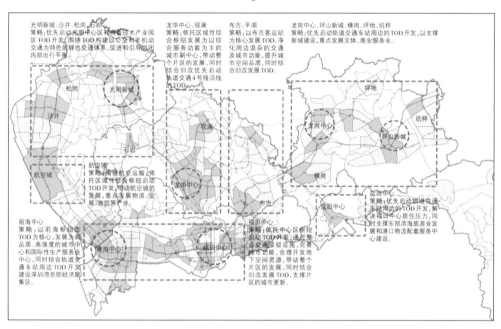

图 4-14　深圳市 TOD 宏观发展策略分析示意图

资料来源：张晓春等. 深圳市 TOD 框架体系及规划策略 [J]. 城市交通，2011（3）：37-44.

2）中观层面——TOD 差异化发展指引（图 4-15）

TOD 中观差异化分区。在 TOD 总体发展目标的指导下，进一步识别 TOD 的重点发展片区。方法是结合分区规划中的城市标准分区（片区），从片区发展所依托的核心交通体系、公交发展策略、城市密度分区、土地开发潜力等 4 个方面进行综合评估（专家打分），将全市各片区分为 TOD 重点发展区、一般影响区和其他区域 3 类。具体来说，将拥有综合交通枢纽或轨道交通换乘站，具有公交出行高比例发展目标，处于城市密度分区中的高密度区，且具有较高的土地开发潜力的片区（如前海片区等），划分为 TOD 重点发展区；将拥有一般轨道交通车站或 BRT 车站，具有公交出行中度比例发展目标，处于城市密度分区中的中密度区，且具有一定的土地开发潜力的地区（如香蜜湖片区等），划分为 TOD 一般影响区；对于其他片区（如生态保护区等），划分为其他区域。

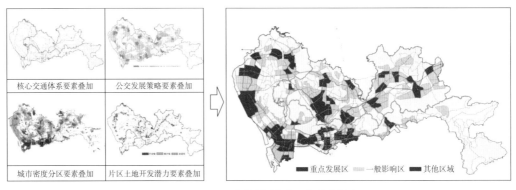

图 4-15　TOD 中观差异化分区分析示意图

资料来源：张晓春等.深圳市 TOD 框架体系及规划策略 [J].城市交通，2011（3）：37-44.

　　由于区位条件、功能定位、土地利用等不同，TOD 重点发展区显然不能采用同一模式进行开发。借鉴香港、东京等国内外城市 TOD 的实践经验，将 TOD 重点发展区细分为城市型 TOD、社区型 TOD 以及特殊型 TOD 3 类，为制定各类型 TOD 的微观规划设计要点、指导片区 TOD 规划设计奠定基础。

　　①城市型 TOD：位于城市各级综合活动中心，并直接在城市公共交通网络干线上，是城市的公共活动凝聚点。可进一步划分为位于区域政治经济文化活动中心的区域级城市型 TOD，及位于其他综合活动中心的地区级城市型 TOD。

　　②社区型 TOD：位于社区公共活动中心，并与周围其他居住区和城市中心有良好联系，在城市公共交通网络干线或辅助线路上。

　　③特殊型 TOD：位于特定功能的公共活动中心，如依托城市机场等大型综合交通枢纽发展的枢纽型 TOD 等。

　　3）微观层面——TOD 规划设计要点（图 4-16，表 4-11）

　　用地功能控制。根据各类型 TOD 的区位以及土地的价值，区域级城市型 TOD 用地功能应以商业办公用地为主，不建议进行纯居住用地开发；地区级城市型 TOD 以居住、公共服务用地为主，含有一定比例的商业办公用地；社区型 TOD 以纯居住用地为主，商业零售主要是为社区服务的商场。

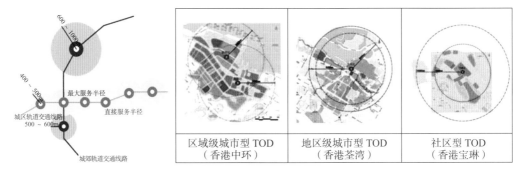

图 4-16　不同类型 TOD 空间尺度范围示意图及示例

资料来源：张晓春等.深圳市 TOD 框架体系及规划策略 [J].城市交通，2011（3）：37-44.

各类型 TOD 车站地带主要土地利用类型及比例建议　　　　　表 4-11

土地利用类型		城市型 TOD		社区型 TOD（%）
		区域级（%）	地区级（%）	
居住用地	纯居住	—	20 ~ 30	30 ~ 45
	商住混合	10 ~ 15	15 ~ 25	10 ~ 15
商业办公用地	商业零售	0 ~ 5	5 ~ 10	5 ~ 10
	商办混合	20 ~ 40	5 ~ 10	
公共服务用地		5 ~ 15	15 ~ 25	20 ~ 30
公共开发空间		10 ~ 20	10 ~ 15	10 ~ 15
道路用地		25 ~ 30	20 ~ 25	15 ~ 20

注：建议区域级城市型 TOD 的空间尺度范围为以轨道车站为中心半径 400 ~ 500m，地区级城市型 TOD 为 500 ~ 600m，社区型 TOD 适当扩大到 600 ~ 1000m。

土地分布特点。根据轨道交通车站周边房地产价值随着与车站距离的增加而衰减的规律，区域级城市型 TOD 轨道交通车站核心地带可布局商业用地、商办混合用地，外围可考虑布局商住用地；地区级城市型 TOD 轨道交通车站核心地带，可布局商业用地、商办混合用地，外围以居住用地为主；社区型 TOD 轨道交通车站核心地带可布局商业用地、商办混合用地和居住用地，外围以纯居住用地为主。

土地开发强度。借鉴香港等国内外 TOD 的开发经验，依据深圳市密度分区，初步拟定各类型 TOD 的土地开发强度，结合交通和公共配套设施的承载力以及日照、房屋间距等相关标准的要求进行验算，建议区域级城市型 TOD 的毛容积率为 3.0 ~ 7.0；地区级城市型 TOD 为 2.0 ~ 4.2；社区型 TOD 为 1.8 ~ 2.7。

土地利用混合度。区域级城市型 TOD 的土地混合程度最高，以商办混合为主；地区级城市型 TOD 混合程度次之，以商住混合为主；社区型 TOD 混合程度最低，以商住混合为主。

（四）低碳交通网络布局

1. 小尺度街区

1）小尺度街区设计方法

（1）我国传统路网的做法

我国传统老城厢路网完全符合小尺度街区的理念特点。以上海老城厢为例，季晓丹（2013）发现上海老城厢的路网系统呈现以下特点：一是道路长度普遍较短，老城厢在旧城改造之前超过 500m 的道路是基本没有的，根据 1980 年代的统计资料，城厢中长度不超过 180m 的道路 190 条，占道路总数的 53% 以上。二是道路狭窄，上海老城厢主街道的尺度 7 ~ 8.5m，最宽大约 20m 左右，而 3 ~ 5m 宽的弄堂占了大多数。三是道路的宽度富有变化，既有道路网格层级变化，也有一条道路拥有不同宽度的变化。四是街道网格之间多非正交关系，处理比较流畅。由于道路不是正交关系且宽度变化较多，形成了良好的街角景观效应，道路不再是漫无目的的枯燥空间。[81]

形成老城厢的路网肌理与交通工具特点有着很大的关系。在传统城市中，人们出行范围非常小，主要是步行和马车为主，因此老城厢的道路主要供慢行通过；到了近代，老城厢的交通状况以非机动交通为主，少数较晚修建的道路可供机动交通慢速通过，这是老城厢采取小街区尺度发展的重要原因。但随着时代的变迁，城市道路交通工具的进化呈现出"速度"逐渐加快的过程，不过这种变迁在老城厢的区域内是有限的，这也形成了传统街道与现代交通的矛盾，现代交通追求快速化、流畅感，因此完全基于慢行为主的传统街区越来越满足不了现代交通的要求，比如高密度的路网导致道路交叉口过多而降低车速；小尺度街区的道路总面积大于实际需求的通道面积，进而增大市政建设投资和维护费用；街坊小使得交通噪声严重影响居民生活质量等。不过，传统街道良好的步行尺度能促进慢行出行，减少小汽车交通，从人本价值出发的连续性、渗透性、步行性和社会性是值得肯定的。

图 4-17　上海老城厢清末路网

资料来源：季晓丹. 上海老城厢空间的身体理论解读 [D]. 苏州大学，2013.

（2）现代理念的"城市格网"设计

《TOD 在中国——面向低碳城市的土地使用与交通规划设计指南》一书提出了"城市格网"的交通网络设计，为现代化交通体系下的小尺度街区发展提供了交通设计支撑[82]。

格网设计标准如下：街区边长为 100 ~ 200m，过境道路间隔在中心区至少为 250m，道路红线宽度中公交走廊最大 40m、干道不超过 40m、二分路 30m、支路最大 20m，街道容量为单向或双向混行道路最多 6 条机动车道，街道密度为每平方公里最少 50 个路口（表 4-12）。

城市格网街道标准 表 4-12

城市人口		现有标准				推荐标准				
		快速路	主干道	次干道	支路	公交走廊	单向二分路	大街	支路	非机动车专用路
>200 万	设计时速（km/h）	80	60	40	30	60	60	40	30	—
≤ 200 万		60 ~ 80	40 ~ 60	40	30	40 ~ 60	40 ~ 60	40	30	—
>200 万	道路密度（km/km²）	0.4 ~ 0.5	0.8 ~ 1.2	1.2 ~ 1.4	3 ~ 4	1（下限）	3 ~ 4	3 ~ 4	3 ~ 4	2（下限）
≤ 200 万		0.3 ~ 0.4	0.8 ~ 1.2	1.2 ~ 1.4	3 ~ 4	1（下限）	3 ~ 4	3 ~ 4	3 ~ 4	2（下限）
>200 万	机动车道数	6 ~ 8	6 ~ 8	4 ~ 6	3 ~ 4	4	3	4	3	—
≤ 200 万		4 ~ 6	4 ~ 6	4 ~ 6	2	4	3	4	2	—
>200 万	红线宽度（m）	40 ~ 45	45 ~ 55	15 ~ 30	15 ~ 30	40	30	33 ~ 40	15 ~ 20	—
≤ 200 万		35 ~ 40	40 ~ 50	30 ~ 45	15 ~ 20	40	30	40	15 ~ 20	—

注:现有标准是基于 1991 年颁布的《城市设计道路设计规范》以及 1995 年颁布的《城市道路交通规划设计规范》

　　格网网络按照单向二分路、公交走廊、大街、支路和非机动车街道的层级设计。公交走廊和单向二分路承担着典型主干路的交通流量，而大街承担着次干路的交通流量。"公交走廊"有 40m 宽，是最大的街道断面。因为它的中央为 BRT 类型的设施提供了专用车道。33m 宽的四车道"大街"为行人、自行车和公交站点提供了两侧充足的车道。被称为"二分路"的单向成对街道是狭窄的，有 30m 宽，在承担大的交通量时更易于行人通过。"非机动车专用道"改善了零售商业氛围和自行车路线，"支路"增加了路网的通达性使得网络更为完善。

　　2）适宜街区尺度与支路网指标

　　王轩轩等（2008）从多个方面对街区尺度进行了适宜性分析，参考众多国内外小街区城市的肌理，将街区尺度研究主要界定因子分为以下几种：一是城市功能的容纳，对欧洲城市进行的研究表明，70m×70m 的街区可以满足大多数城市功能的容纳，即街区规模需要大于 0.5hm²。二是城市空间的可渗透性：在城市中街区越小，能看到道路交叉形成的街道拐角就越多，实体与视觉的渗透性也就更好。研究表明最理想的是 70 ~ 90m 的街区，即街区规模为 0.5 ~ 0.8hm²。三是城市交通的要求：我国已提高城市道路网密度国家标准，《深圳市城市规划标准与准则》中规定，城市支路的交叉口间距为 140 ~ 180m。但是考虑到关于我国需要加大支路网密度的分析结论，认为结合欧洲城市交通对街区的基本要求更为合适——非主要道路上支路间距大于 70m，主要道路上大于 90m。故综合之后采用 90 ~ 180m，估算出街区规模为 0.8 ~ 3.2hm²。四是土地效益的经济性：增加土地效益的关键是临街面的长短和地块大小的比例，欧洲城市经验以 60m 到 180m 的临街面，和 1：1.3 ~ 1.5 的地块临街宽度和进深比例，最能发挥基础设施的效率和最容易"裁剪"以配合不同的项目需要。由此估算出大致规模为 0.5 ~ 4.8hm²。五是街区的活性：国外有关学者对澳洲和美国 12 个典型城市 150 ~ 250 年城市形态演变的研究发现，80m×110m 地块的街区稳定性最好，即 1.0hm² 左右。六是新城市主义的设计建议：街区的尺度控制在长 600 英尺（183m）、周长 1800 英尺（549m）范围以内，可以估算出约小于 2.0hm²。通过统计，认为 0.5 ~ 3.5hm² 的街区尺度是比较理想的（不包括城市远郊的开发模式），建议其中除了小范围的老城更新外，规模在 2hm² 以上，街区边长 100 ~ 200m 较为适宜（表 4-13）。

街区规模的适宜大小影响因子　　　　表 4-13

适宜规模（hm²）	0.5	1.0	1.5	2.0	2.5	3.0	3.5	4.0	4.5	5.0
功能的容纳	■	■	■	■	■	■	■			
空间的渗透性	■	■								
城市交通的要求		■	■	■	■	■	■			
土地的经济性	■	■	■	■	■	■	■		■	■
街区的活性	■	■								
新城市主义的建议		■	■	■						

王轩轩等（2008）对比我国与部分发达国家的大城市道路提出，我国大城市的道路线密度一般在 7km/km² 以下，而多数发达国家城市道路线密度在 15km/km² 左右（表 4-14、表 4-15）。进一步比较发现，导致这种差距较大的一个重要原因就是支路网的缺失，包括两个方面：第一，城市街区尺度较大，直接反映为围合这些街区的道路间距较大；第二，封闭管理的大尺度居住区、园区禁止外部车流穿越，占据了城市支路位置，进一步降低了城市道路密度。最终造成负荷过重的主干道和次干道，以及众多处于闲置状态的支路（本应承担高效输送交通的作用）。[83]

我国部分大城市道路密度一览表　　　　表 4-14

城市	北京	上海（浦东新区）	广州	哈尔滨	杭州	重庆
路网密度（km/km²）	6.7	6	7.5	4.5	5.3	6.6

部分发达国家城市道路密度一览表　　　　表 4-15

城市	东京	大阪	纽约	芝加哥	巴塞罗那	横滨
路网密度（km/km²）	18.4	18.1	13.1	18.6	11.2	19.2

通常认为：小街区模式道路交叉口太多，不适合汽车交通。但由于小街区模式有丰富的支路，道路效率与容量实际上被提高了。所以应该合理增大城市的，尤其是城市中心区的支路网密度。根据前文对小街区规模的分析，按照街区边长为 100 ~ 200m 计算，路网密度指标宜为 8 ~ 18km/km²；其中，城市支路网密度约为 4.8 ~ 13.5km/km²（干支道路比例为 1：1.5 ~ 3.0）。

3）案例研究：昆明呈贡新区的小尺度街区设计

过去十年中，云南省省会城市昆明扩张迅速。4 个规划新城中最大的呈贡将会成为新的行政区和云南大学的新校园所在。新城的地点位于昆明市中心西南 15km 处，占地

160km²，从东部山脉山麓向西延伸到滇池湖畔。

　　呈贡的现有发展遵循"超大街区"模式，在平均每边 500m 的地块中设置带有门禁的、单一使用性质的区块。通常街区充满了单一重复的建筑物，街道不适合行人和自行车使用，部分地区搭建起了临时商铺来满足人们日常所需（图 4-18）。

图 4-18　呈贡现状的超大街区开发

资料来源：彼得·卡尔索普，杨保军，张泉 . TOD 在中国——面向低碳城市的土地使用与交通规划设计指南 [M]. 北京：中国建筑工业出版社，2014.

　　新的规划设计通过创造适于步行、混合使用的住宅区的规划，形成紧凑、密集的空间，这里的城市道路将采取用城市格网以及"小街区"规划来制订开发（图 4-19）。

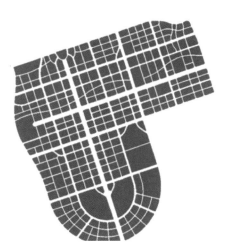

图 4-19　改造前后的昆明呈贡新城图底关系对比

资料来源：彼得·卡尔索普，杨保军，张泉 .TOD 在中国——面向低碳城市的土地使用与交通规划设计指南 [M]. 北京：中国建筑工业出版社，2014.

因为原有的超大街区道路网络的建设已在进行中，一些道路已经建成，道路路权分配在必要情况下会被修改。首先，中心主干路彩云路为十车道，路宽超过 80m，截面宽度将被裁减修改成一系列线性公园，每侧有小的单向二分路。在未来，这一新城的轴线将不再是以汽车为主，而是适宜公共交通、步行和自行车的开放空间（图 4-20）。

图 4-20　建议改造彩云路断面，街景示意图

资料来源：彼得·卡尔索普，杨保军，张泉 .TOD 在中国——面向低碳城市的土地使用与交通规划设计指南 [M].
北京：中国建筑工业出版社，2014.

其他主要过境道路将分解为单向二分路，有较大的机动车承载量而降低了慢行的障碍。添加了许多非机动车道路，为骑自行车的人和行人提供更多选择。最后，添加了支路以强化各个地块的通达性。其结果是一个人本尺度的街道和街区系统，平均每平方公里有 50 个交叉路口，平均每个街区 1.5hm²。行人到达任何一个交叉路口的距离不超过 70m，并且行车道的穿行距离不超过 12m。

重新设计的道路断面为行人提供了更宽裕的空间，为自行车提供了安全、有保护的车道。并且，要求在人行道沿街面设计有商店、咖啡馆以及其他相宜的底层沿街面活动。街道生活和步行的便捷性是新的道路网络的核心目标。

每个街区由 6 个典型的"小街区"组成，住宅小街区容积率为 4.0 ~ 2.7，商业小街区容积率为 4.0 ~ 8.0。每一个"小街区"都有一系列设计标准，以确定一般开发控制准则，以及一系列详细的城市设计标准，确保每个开发项目都具有人的尺度，实现该片区的低碳目标。通过在公交枢纽聚集高密度开发和商业"小街区"，合理分布公交枢纽附近的工作岗位和住房，片区拥有丰富的天际线。在位于两条地铁线换乘枢纽周围集中安排约 100 万 m² 的商业区，作为新城的高效中心商务区和商业目的地。

最后，公共设施比如公园、学校等，应该设于方便非机动交通到达的位置，穿过核心区的带状公园为此提供了总体框架和主要导向。最终达到"每个孩子走不到 400m 就能到达学校或当地的公园，居民走不到 400m 就能到达公交站点"的效果（图 4-21）。

2. 慢行网络和设施构建方法

在城市道路设计规范中，自行车和步行等慢行网络基本上是作为城市干路、支路断面

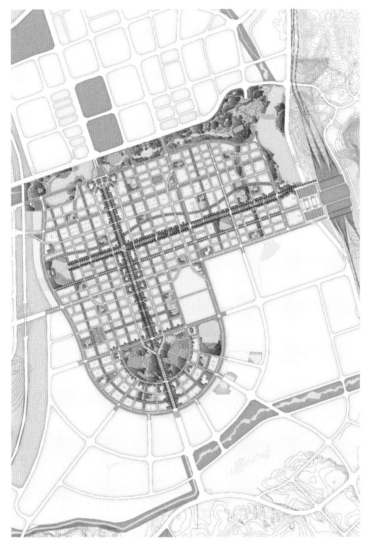

图 4-21 呈贡核心区规划图

资料来源：彼得·卡尔索普，杨保军，张泉 .TOD 在中国——面向低碳城市的土地使
用与交通规划设计指南 [M]. 北京：中国建筑工业出版社，2014.

的一部分进行设计，虽然满足了普遍性，但在系统上尚显不足，因此一些学者从网络系统
构建角度提出了自行车和步行网络体系。

1）慢行网络设计

（1）自行车网络设计

管红毅（2004）提出了自行车道路网络的不同层级，分为市级、区级和区内三级[84]。

市级自行车干道网络是全市性或联系居住区和工业区及其与市中心联系的主要通道，
承担着大量的自行车交通。在进行市级自行车道路规划时，应注意尽量减少其对城市机动
车交通干道的冲击。市级自行车干道要求快捷、干扰小、通行能力大，是全市自行车路网
的主骨架，其方向应与自行车出行的主要流向相一致，一般采用自行车专用道和有分隔的

自行车道。

区级自行车道路是联系各交通区的道路，保证居住区、商业服务区和工业区与全市性干道的联系。在进行全市区际自行车连接路网的规划时，远距离区域间交通主要依靠高效的公交走廊，区际自行车路网作为补充。区际自行车道路主要是满足自行车的中、近距离出行，可以采用自行车专用道、有分隔的自行车道和用划线分隔的自行车道。

区内自行车道路是联系住宅、居住区街道与干线网的通道，是自行车路网系统中最基本的组成部分，在自行车路网系统中起着集散交通的作用。依据城市土地功能布局，城市铁路、交通干道和自然屏障等因素，可以划分出自行车交通区域，在区域内全方位组织规划自行车交通路网。区内自行车路网系统要求路网密度较大，在生产服务区、生活区有良好的通达性。一般采用划线分隔的自行车道和混行的自行车道。

管红毅（2004）也提出了自行车道路交通的组织布局。

自行车交通主干道设计，可利用城市快速路、主干路作为自行车交通主干道。对于城市快速路，在路两侧修建慢车道，与机动车道完全隔离；对于主干路，预留一定的空间资源分配给自行车交通，机非车道之间采用绿化带或护栏进行隔离。自行车交通主干道属于市级自行车道路。

自行车交通次干道设计，可利用城市次干路、支路作为自行车交通次干道。自行车交通次干道属于区级自行车道路，采用划线或混行的自行车道形式。

老城区或市中心自行车专用道路体系设计，利用小街巷和老城区道路建设自行车专用道路，可以充分挖掘小街巷的自行车交通潜力，使自行车流量在路网中均衡分布，以减轻主、次干道上的自行车交通压力，满足自行车交通发展需求。在建立畅通的自行车网络的目标下，尽量利用那些与主干道平行且距离较近的小街巷建设自行车专用道路，以便于机非分流。

（2）步行网络设计

徐华海等（2009）提出了步行网络的空间形态及组织方式[85]。

一是线形模式。线形模式是城市步行网络的初始模式和最基本的单元。它可以是一条步行主街连接着数个城市广场或步行小巷，也可以是数条步行主街的线性连接。线形模式的出现主要与人们的步行行为和地理环境紧密联系。同时，很多线形商业街往往是在旧城区不断改造中形成的，它的行进路径通常和旧城区发展轨迹吻合。线形模式的空间特征在于其连续性和伸展性，可分为直线形和曲折线形两种基本模式。其中直线形步行空间模式往往带给人速度感和轴线感，具有突出和聚焦的作用，但直线运动容易使行人疲惫，一览无余的步行空间是乏味的。因此这类步行空间应更重视空间节点的设计和空间的立体化设计。而曲折线形步行空间相比较而言有着天然优势，曲折的行走路径充满着未知和突然性，更能唤起步行者的好奇心，因此曲折线形更加丰富有趣。

二是鱼骨模式。鱼骨模式是线形模式在不同方向上的叠加，同时也是线形模式在水平空间上的拓展。在一条较长的商业街上，多带有向两侧拓展的鱼骨模式，为了打破线形模式的单调和乏味，人们往往希望在一定的步行距离内出现步行方向的改变和步行空间的变化。同时，由于线形商业街的临街面长度有限，为了更加充分地满足商业需求、体现商业用地的价值，因此线形商业步行街便往往与城市支路叠加形成鱼骨状的布局，将商业街的步行活动沿着次级的步行道向两侧延伸，成为两个不同方向、不同主次的线形模式叠加。在鱼骨模式的步行单元中，往往在支路与主要步行街相交的地方进行特殊处理，或将交汇处扩大成广场空间，或设立标志性的构筑物，成为视觉的焦点和步行的节点，为步行者提供停留休息和诱导前行的开放空间。

三是分区组团模式。分区组团模式是城市步行网络分区域发展的表现形态。一方面，城市规模不断扩大和城市功能分区理念导致了城市的组团发展，城市生活比较分散；另一方面，地理环境也是导致城市组团发展的重要因素之一。分区组团模式一般适宜多中心发展，组团相互之间的关联较弱，但是有利于各组团的步行系统发展延续和塑造各自功能分区的特点及历史特色，富有独特的空间魅力。市民能够在不同的步行区体验到丰富多彩的公共生活和文化氛围，避免了城市公共空间的雷同匀质化。

四是网状模式。网状模式是步行网络发展的成熟形态。网格模式呈现出线形和鱼骨型的空间叠加，形态丰富；空间序列有节奏和变化，使得步行者在行动中移步换景；路径选择具有的多样性，富有人情味和趣味性；步行空间具有开放性和渗透性的特征，能最大限度和城市融合。

2）案例研究

以昆山中心城区的慢行网络规划探讨城市自行车和步行系统的规划实践[86]。

（1）规划原则

安全连续。慢行线路的安全性、连续性是慢行品质的保障，规划应在断面分配、设施配置等方面为慢行出行者提供安全连续的慢行环境。

接驳公交。优化慢行交通与公交枢纽的接驳，提升公交站点周边慢行交通的出行品质，形成"慢行—公交—慢行"一体化衔接的优质出行环境，进一步促进公共交通优先发展战略的落实。

环境设计。慢行线路组织与慢行设施的布置考虑服务对象的需求和习惯，并充分考虑残障弱势群体的特殊要求，塑造舒心、休闲、安宁的慢行环境。

对象差异。对于自行车、电动自行车重点关注主要通勤线路与专用休闲道路的构建；对于步行则主要关注步行专用道路、风雨廊接驳道路以及步行街区的构建。

（2）慢行线路与慢行区域

根据以上原则，规划形成服务于步行和非机动车的慢行交通系统（图4-22、表4-16）。其中步行系统由步行专用道、风雨廊步行接驳道、步行街区构成；非机动车系统由林荫道通勤廊、自行车专用道构成。

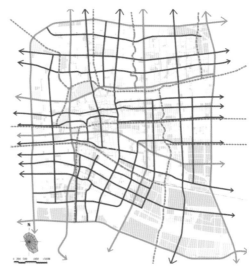

—— 主要慢行通勤道路　····· 滨水慢行休闲廊道

图4-22　昆山中心城区核心区主要慢行通勤廊与滨水慢行专用廊

资料来源：江苏省城市规划设计研究院.昆山市中心城区核心区控制性详细规划，2011.

昆山中心城区核心区慢行线路与区域规划　　　　　　表 4-16

服务对象	类型	功能	规划要求
非机动车	林荫道通勤廊	结合非机动车通勤流空间分布特征布设，服务于非机动车的通勤出行	提高道路两侧的绿地率，优化树种配置，结合断面优化，构筑连续的路侧林荫道系统
	自行车专用道	服务于滨水休闲带的自行车休闲、健身活动	结合沿线景观布设休闲设施，采取自由多变的断面形式，注重线路功能的丰富性和趣味性，路面采用生态化铺装，并采用透水环保材料
步行	步行专用道	服务于滨水休闲带的步行休闲、健身活动	
	风雨廊步行接驳道	服务于接驳公交枢纽的换乘活动	提供连续式的遮雨、遮阳设施
	步行优先街区	服务于特色街道、商业街区、公园绿地的休闲活动	注重人性化休闲设施布局和景观设计，结合稳静化措施的实施，塑造安全连续的慢行空间

步行专用道、自行车专用道：沿滨水绿化带布设，包括沿娄江、青阳港、小虞河、太仓塘、张家港、景王河的沿河慢行专用道，服务于本地居民和外来游客的休闲、观光和健身活动。具体线路走向可以结合景区设计布置，环境营造注重多样性与趣味性。

林荫道通勤廊道：在非机动车通勤流量大的道路上构建林荫道通勤廊道，从路权上保障非机动车通勤的连续性和舒适性，并优化树种配置，提供连续、宜人的路侧林荫道系统。

风雨廊步行接驳道：结合连接轨道交通站点、快速公交站点周边的人行道路设置风雨廊，为步行转换公交方式提供良好衔接环境。

步行优先街区：结合特色街道、商业街区、公园绿地设置，与建筑形态、景观设计紧密结合，注重人性化休闲环境的营造。规划步行优先街道主要包括人民路、南北后街，步行优先街区包括昆山南站周边地区、小虞河休闲街区、玉山风景区、大西门街区、东新街街区。

（3）慢行街区组织（图4-23）

街区内部提供通达的稳静化道路，因地制宜采取织纹路面、曲折行车道、路拱、街心花坛等稳静化措施。街区内部布局非机动车停车设施，周边布局小汽车停车设施。街区周边布局公交站，一角设置公交换乘枢纽，同时优化建筑物至小汽车停车设施与公交站点距离的关系，使公交出行更便捷。

（4）公共自行车租赁点

根据国内外公共自行车发展的经验与教训，公共自行车租赁点的布点须达到一定密度才能显现规模效应，发挥其多样化的功能，如杭州市自行车租赁点服务半径为 300 ~ 500m，在核心区范围内更是达到 100m；巴黎的自行车租赁点密度是 11 个 /km²，平均间距 300m，

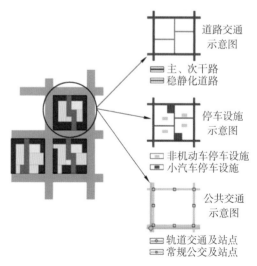

图 4-23　慢行街区组织示意图

资料来源：江苏省城市规划设计研究院. 昆山市中心城区核心区控制性详细规划, 2011.

而遭遇停租的某市公共自行车租赁服务，其租赁点个数原计划 400 个，但停租时还没有达到十分之一，市民租车、还车均不方便。可以说租赁点密度是自行车租赁系统成功的重要因素，密集的租赁点才能真正实现"随时借随时还"。

考虑到自行车租赁点的服务功能差异，公共自行车租赁点分为三级。

一级租赁点，主要与昆山站、昆山南站、客运中心、轨道交通换乘枢纽点结合布设，除车辆停放功能外，还承担调度管理的功能，停放规模约 60 辆，考虑到进出通道占地，总占地面积约 300m²。二级租赁点主要结合轨道交通一般站点、快速公交一般站点、公交首末站、停车截流设施点布局，停放规模约 40 辆，考虑进出通道占地，总占地面积约 200m²。三级租赁点主要结合常规公交一般站点、大型公共建筑、居住小区和慢行休闲线路灵活布置，可利用城市次干路及支路的人行道、建筑退线及街头绿地布设，停放车辆约 20 辆，占地尺寸 2.2m × 20m。

3）交通稳静化设计

（1）交通稳静化相关技术（表 4-17）

目前交通稳静化设计主要应用于机动车道上，其主要设计模式有两大类，分别是工程性措施和管理性措施。其中工程性措施主要是速度控制措施，可以分为垂直、水平和断面窄化控制措施[87]。

垂直速度控制措施是把车行道的某一段抬高，达到降低车速的目的，典型措施包括减速墩、凸起横道、纹理路面和凸起交叉口等。水平速度控制措施多采用改变传统的直线行驶方式以降低车速，典型的措施包括小型环岛、中央分隔岛等。车道断面窄化控制措施包括缘石延伸、道路窄化曲化等。

交通稳静化技术一览表 表 4-17

编号	名称	设计要求	示意图	实景图
A	减速墩	横跨于路面的凸起设施，其顶部曲线呈抛物状		
B	凸起横道	利用平顶减速墩的平面，结合人行横道标线，给行人提供专门高度的过街通道		

编号	名称	设计要求	示意图	实景图
C	纹理路面	使用有刻纹或者交错的铺面材料所设置的路面，迫使机动车减速行驶		
D	凸起交叉口	覆盖整个交叉口的凸起平台，在边缘设置一定的缓冲坡度；并且采用砖或者其他有纹理的材料铺设平台		
E	小型环岛	设置在交叉口处的凸起安全岛，它通过引进三段连续的小半径曲线以降低机动车速		
F	中央分隔岛	沿道路中线设置的凸起小岛，它使得部分车道变窄		
G	缘石延伸	在路段或者交叉口处将人行道或者街角的缘石延伸到机动车道上，以减少道路宽度		

续表

编号	名称	设计要求	示意图	实景图
H	道路窄化曲化	综合窄化措施和蜿蜒线路的渠化技术，迫使车辆在道路上不断转向行使，以达到降低行车速度的目的		

注：表格由笔者根据相关资料汇集而成

交通稳静化管理性措施包括以下几个方面：交通标志（警告、禁限标志等），系统科学合理地布设警告标志，尤其注重相关警告标志在居民区的布设。人行横道划线设计，彩画人行横道，并配以改进后的标志以及行人闪烁灯，做到一体化设计，尤其是学校、医院和娱乐场所附近的人行横道可以进行可视性布设。条纹化设计，通过设计条纹线，标出狭窄的车道，从视觉上给驾驶员一种街道狭窄的感觉，以助于降低车速。限速图案，把限速数字描绘到道路上，这种方式对于在路段之间加强减速有很好的提示作用。减速标线，主要应用于各次干道和支路的交叉口处、与主干道相交的次干道和支路的入口处，以及在有行人过街横道的路段，增加驾驶员的视觉压迫感，从心理上逼迫驾驶员减速行驶。凸起路缘标记，凸起的道路标记是一种可塑性强的反光体，它主要应用于道路的中心线以及边缘线，当驾驶员偏离自己的行驶车道时，白天通过振动给驾驶员以提示，夜晚通过反光和振动提示驾驶员注意安全；车道彩画，行车道可以用不同的颜色或图案来施划，这一措施有助于分隔机动车道与非机动车，提高驾驶员的警觉性，降低车速，提高安全性。停车泊位，通过居民小区的街道两侧布设停车泊位，既能够为居民提供充足的停车泊位，又能够降低行驶车速。

（2）案例研究

以无锡生态城示范区[88]为例，探讨稳静化设计在规划中的落实。

①实施原则

差异性。充分考虑稳静化改善措施在不同等级道路上的适用条件，交通性主干路不予安排；生活性主干路与次干路结合重要慢行通道的过街设施节点适度安排，以节点降速和视觉提醒为主，在保证慢行空间连续安全的同时对正常交通运行不产生过多负面影响；支路较为系统地实施改善措施，以达到限制机动车、体现慢行优先的目的。

协调性。与慢行体系构建相协调，通过节点稳静化改善降低城市干路对慢行空间的分隔，提升慢行交通跨越城市道路的安全性，创造宁静舒适的慢行环境；与生态环境保护相协调，稳静化改善中的道路窄化设计与保护动物迁徙路径结合考虑，降低道路建设的生态冲击。

渐进性。考虑建设成本、道路交通状况、驾驶水平差异及公众可接受度等因素，稳静化改善方案应谨慎评估、因地制宜、分期改造、逐步推进、择机实施。近期可选择若干公众易于接受的稳静化技术，结合部分关键节点先行实施，起到良好的宣传作用和示范意义，远期视示范效果逐步推进完善。

②稳静化改善建议方案与关键节点

为达到构建"慢行安宁区"的目标，规划建议的交通稳静化改善方案与近期实施关键节点如表 4-18 与图 4-24 所示。

规划范围交通稳静化改善方案一览表 　　　　　　表 4-18

序号	道路名称	等级	近期实施	远期实施
1	具区路	交通性主干路	不安排	不安排
2	南湖大道	交通性主干路	不安排	不安排
3	贡湖大道	生活性主干路	不安排	不安排
4	震泽路	生活性主干路	A／B	无
5	清晏路	次干路	A／B	F
6	清源路	次干路	A／B	F
7	干城路	次干路	无	F
8	清舒道	次干路	A／B	F
9	尚贤东路（干城路—具区路）	次干路	无	F
10	尚贤东路（具区路—震泽路）	支路	B／C	F
11	湖景北路	支路	B	F／G
12	规划一路	支路	B／D／E	F／G／H
13	规划二路	支路	B／D／E	F／G／H

注：A 减速墩，B 凸起横道，C 纹理路面，D 凸起交叉口，E 小型环岛，F 中央分隔岛，G 缘石延伸，H 道路窄化曲化。

（五）紧凑空间布局技术方法

1. 紧凑空间形态测度

1）紧凑空间形态测度方法

到目前为止，城市紧凑度还没有一个统一、明确的标准，即超过什么样的指标可界定为紧凑城市，反之则不属于紧凑城市。很多观点，表述都是宏观和定性的，缺乏定量的分析，而采用定性定量分析相结合的方法，可能更适合讲清楚道理，以便达成共识，目前对紧凑度的度量基本是采用数学模型（指标测度）和指标综合评价这两大类方法[89]。

注：绿色标志为近期实施；红色标志为远期实施。
Ⓐ减速墩，Ⓑ凸起横道，Ⓒ纹理路面，Ⓓ凸起交叉口，Ⓔ小型环岛，Ⓕ中央分隔岛，Ⓖ缘石延伸，Ⓗ道路窄化曲化

图 4-24　规划范围交通稳静化改善方案与关键节点布局图

资料来源：江苏省城市规划设计研究院.昆山市中心城区核心区控制性详细规划，2011.

单指标测度法。早期西方研究城市空间形态紧凑率的计量方法主要有以下几种（表4-19）：

单指标测度的计量方法　　　　　　　　　　　　　　　表 4-19

年份	提出者	公式	释义	备注
1961 年	RICHARSON	$2\sqrt{\pi A}/P$	表征为面积与周长的比值	A 为面积，P 为周长
1961 年	GIBBS	$1.273A/L$	表征为轴长度与面积的比值	L 为最长轴长度，A 为城市建成区面积
1964 年	COLE	A/A'	表征为建成区面积与外接圆面积的比值	A 为城市建成区面积，A' 为该城市建成区最小外接圆面积

年份	提出者	公式	释义	备注
1999 年	Bertaud 和 Malpezzi	$\sum d_i w_i / C$	紧凑度表现为到中心商务区（CBD）的平均距离与圆柱形城市中心的平均距离的比率，这个圆柱形城市的基底应该和建成区一致，而高度则为平均人口密度	d 为第 i 块用地到 CBD 的距离，w 为该用地人口占城市人口的份额，C 为建成区的等效半径
2002 年	Nguyen xuan Thijh	$\sum A(i,j) / [N(N-1)/2]$	一种依靠 GIS 光栅分析的万有引力模型的方法，通过万有引力矩阵反映城市紧凑度，公式值的大小反映紧凑程度，T 值越大，城市越紧凑	将划分一定大小的网格覆盖在城市地图上，数出所覆盖的网络总数 N，对每对光栅单元 i 和 j 相对应的封闭区域 $Z_i Z_j$，两者之间的引力可用万有引力模型来表示：$A(i,j)=\dfrac{1}{c}\dfrac{Z_i Z_j}{d^2(i,j)}$，式中，$d(i,j)$ 为光栅单元 i 和 j 的几何距离，c 为常数

多指标测度法。随着对城市紧凑度研究的进一步深入开展，多指标定量分析方法也得到发展，下面是 1990 年以来提出的一些计量方法（表 4-20）。

多指标测度的计量方法　　　　　　　　　　　　　　表 4-20

年份	提出者	指标体系	备注
2001 年	Gslster	采用居住密度、建设用地的连续性、建设用地集中度、建设用地集群度、居住用地相对 CBD 的集中性、城市多中心程度、用地功能混用性、邻近性等指标反映紧凑度	用来界定城市蔓延量
2005 年	Yu-HsinTsai	提出从都市区层面界定紧凑程度的数项指标和相应的定量分析方法，介绍了一些可以区别紧凑度的相应指标如都市区规模、密度、不均衡分布度、中心性、连续性等	采用空间自相关（Gini 系数、全局 Moran 指数和 Geary 指数）对紧凑度进行模拟
2007 年	方创琳	空间相互作用指数、人口密度指数和城镇密度指数	评价城市群空间紧凑

韦亚平等（2006）对紧凑型空间系统提出了 4 个方面的空间绩效测度指标[90]。

一是绩效密度。假设在相同的人口规模和建成区面积、一定的绿化总面积的情况下，一个不同规模等级均衡分布的绿化开敞空间系统将能更好满足城镇居民的需求，从而得到绩效密度 Dp，如果将城市建成区范围均分为网格分区，则有计量式如下：

$$Dp = \sqrt{Dda} \tag{4-9}$$
$$da = a_i/A_i \qquad i=1、2、3\cdots$$

式中　Dp——都市区空间的绩效密度；

　　　a——绿化开敞空间的面积；

　　　A——建成区面积。

式中 da_i 即建成区中第 i 个分区的绿地开敞空间密度，Dp 是不同分区绿地开敞空间密度的方差。这个指标反映连续建成区的绿化开敞空隙，Dp 的值越小说明开敞绿地的分布具有更强的均好性（图 4-25）。在建成区空间的人口密度非常大（紧凑）的情况下，整体的绿化开敞空间比例以及人均面积不一定要很高，但绩效密度指标应保持一定的值，以使这种密集紧凑具有适宜的空间环境。

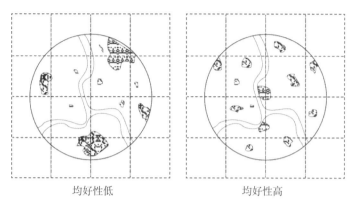

均好性低   均好性高

图 4-25 绩效密度示意

资料来源：韦亚平，赵民等. 紧凑型城镇发展的土地利用模式研究 [R]. 建设部《长江三角洲城镇群规划》专题研究，2006（4）.

二是绩效舒展度。利用统计单元上的人口密度来确定都市区的中心（重心），进而以中心为起点，作出都市建成区在不同发展方向上的延展距离，并且，可以利用同等的空间尺度来比较不同建成区的平面结构。如果是一个轴向伸展结构，那么在平面不同方向上建成区的延展距离就会有很大的差异。反之，如果建成区是一个饼状圈层结构，那么在平面不同方向上的延展距离就会是相近的。绩效舒展度 Sp 反映了建成区空间形态本身的环境绩效。对于这个指标的计量描述如下：

$$Sp = \sqrt{Dr} , \quad Dr = E\,(r - Er)^2 \qquad （4-10）$$

式中　Sp——都市区空间的绩效舒展度；

　　　r——建成区在平面不同方向上的延展距离；

　　　Dr——建成区在平面不同方向上的延展距离方差；

　　　E——取平均数符号；

　　　Er——建成区在平面不同方向上的延展距离平均数。

在给定的绩效密度值情况下，绩效舒展度的值越大，则空间结构的环境绩效越好，这意味着建成区的整体结构较舒展（图 4-26）。同时，轴向伸展也便于集聚公共交通的流量规模。

三是绩效人口梯度。选取都市区在不同发展方向上的代表性人口密度剖面，通过设定不同的基本距离单位考察都市区从中心到外围的人口密度变化梯度。如果都市区人口密度的分布是一个较均衡的多中心结构，那么

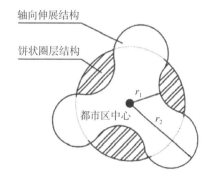

轴向伸展结构

饼状圈层结构

都市区中心

图 4-26 绩效舒展度示意

注：图中的 r_1、r_2 分别指建成区在不同方向的延展距离

资料来源：韦亚平，赵民等. 紧凑型城镇发展的土地利用模式研究 [R]. 建设部《长江三角洲城镇群规划》专题研究，2006（4）.

在给定的基本距离单位下，人口密度样本的标准差就会比较小。反之，如果都市区是一个饼状圈层结构，那么人口密度样本的标准差就会比较大。对于这个指标描述如下：

$$Gp = 1 / \sqrt{Dd} , Dd = E (d - Ed)^2 \qquad （4-11）$$

式中　Gp——都市区空间的绩效人口梯度；

　　　d——密度剖面上每一单位距离的人口密度样本；

　　　Dd——密度剖面上每一单位距离的人口密度方差；

　　　E——均值符号；

　　　Ed——密度剖面上每一单位距离的人口密度均值。

一般来说，在绩效密度与绩效舒展度给定的情况下，绩效人口梯度值越大，则空间结构的紧凑绩效越好，这意味着都市区内人口密度分布均衡，因空间结构所产生的社会空间分异效应较小。当然，梯度绩效也可以通过建筑密度、容积率的数据来测度，进而可以引申出不同的绩效梯度指标（图4-27）。

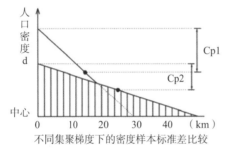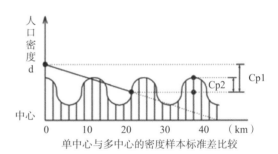

图4-27　绩效人口梯度示意

资料来源：韦亚平，赵民等. 紧凑型城镇发展的土地利用模式研究 [R]. 建设部《长江三角洲城镇群规划》专题研究，2006(4).

四是绩效 OD 比。从降低总通勤距离与交通拥堵的绩效来看，就业人口应该居住在他们的工作岗位附近，这就要求建成区用地形成功能复合、紧凑有序的中观层面结构，亦即每个中心都是居住和就业较为平衡的片区，能妥善处理好不同交通方式之间的转换关系。可以通过"适度时耗以下的出行量"在总出行量中的比例来考察都市区空间的绩效，对于这个指标计量式如下：

$$ODp = M_t / T_t \qquad （4-12）$$

式中　ODp——都市区空间的绩效 OD 比；

　　　M_t——出行时耗在适度时耗以下的出行总量；

　　　T_t——出行时耗在适度时耗以上的出行总量。

一般来说，在前三项指标给定的情况下，绩效 OD 比值越大，则都市区空间的中观结构组织得越好，这意味着都市区内较多的人口可以在居住地点就近就业，产业空间和人居空间是相匹配的多中心结构（图4-28）。

2）案例研究

以广州市为例，韦亚平等（2006）通过空间绩效测度建立了多中心有序的紧凑型空间系统[91]。

广州市舒展式的紧凑多中心结构系统（图4-29）意味着：居住人口在都市区空间中呈现

多中心分布，并且可与产业空间的布局相匹配。中心城区外围的城市组团可以吸纳因产业空间拓展而带来的城市人口增长，甚至于接纳中心城区疏散出来的人口。通过多中心的成长，降低保护开敞空间的难度。空间结构舒展有序，形成多个紧凑发展的综合组团，人口密度分布的代表性剖面将具有较平缓的梯度。可降低外来务工人员及低收入群体在中心城区边缘的集聚度，并使城乡混杂区低品质物业的市场价值得到提升，使城市更新改造的难度减低，利于减少总出行距离以及客货运总量。同时，借助于轨道交通的供给引导，以及强有力的土地利用控制，形成居住人口的多点集聚。这样，易于组织"快速线—轨道"公交换乘，有利于大运量公交的运营，也有利于控制私人小汽车的使用，在小汽车总量上升难以避免的情况下，实现"高保有量，低使用率"的政策目标。

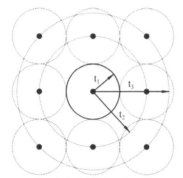

t1—普通公交适宜出行时耗 30min
t2—轨道公交适宜出行时耗 15min
t3—普通公交 + 轨道公交适宜出行时耗 45min

图 4-28　绩效 OD 示意

资料来源：韦亚平，赵民等. 紧凑型城镇发展的土地利用模式研究 [R]. 建设部《长江三角洲城镇群规划》专题研究，2006（4）.

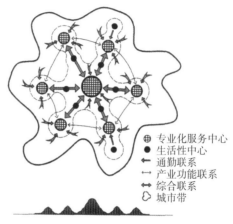

⊕ 专业化服务中心
● 生活性中心
← 通勤联系
↔ 产业功能联系
↔ 综合联系
城市带

图 4-29　舒展式的紧凑多中心结构

资料来源：韦亚平，赵民，肖莹光. 广州市多中心有序的紧凑型空间系统 [J]. 城市规划学刊，2006（4）：41-46.

为了实现紧凑型城市系统，空间规划的切入点是在提高公交服务水平的同时控制私人汽车交通需求，创造一个有利于公交体系的城市结构布局。在这个生长型的结构中，主要产业空间通过高（快）速路来联系，以利于不同产业空间区位之间的专业化分工演进，促进产业的区域一体化发展；轨道交通联系起生活性中心与生产服务性中心，并且与快速公交线（BRT）、常规公交相互支撑，即在都市区空间层面形成有序的中观结构（图 4-30）。

在这种发展模式下，最终形成的都市区空间结构将包括 3 种中观空间组织结构：一是以轨道站点为极核，由生活性服务中心、高层高密度的居住小区、快速公共交通网络及换乘点所组成的新城或住区组团；另一个同样是以轨道站点为极核，由专业化服务中心、工业区、公共交通网络及换乘点所组成的产业组团；第三种中观结构是前两种的邻近结合，形成综合性的"产业居住新城"。

2. 紧凑空间形态模拟

1）紧凑空间形态模拟技术

一般来说，城市空间拓展可以通过内在发展规律和外在条件约束进行确定。基于内在

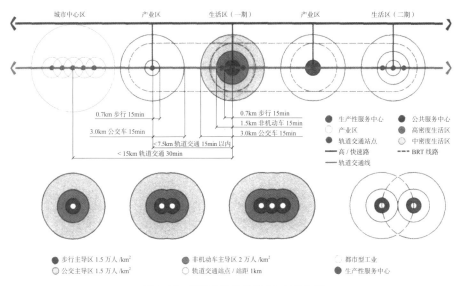

图 4-30　紧凑空间发展模式与结构生长

资料来源：韦亚平，赵民，肖莹光. 广州市多中心有序的紧凑型空间系统 [J]. 城市规划学刊，2006（4）：41-46.

发展规律的城市空间拓展预测方法主要有 CA 模型（Cellular Automation Model，元胞自动机模型）等；基于外在条件约束的城市空间拓展确定方法主要是生态敏感性分析等，后者与用地适宜性的禁建区类似。这里主要介绍 CA 模型（见前文第三章第二节的用地边界预测技术方法）。

2）案例研究

以广东省东莞市为例，利用 MCE-CA 的方法开展城市形态的模拟。模型考虑了城市发展区位属性和农田适宜性，通过 AHP 方法确定模型的参数。在模拟 2001 ~ 2005 年的城市形态演变基础上，预测了未加干预情形下 2010 年和 2020 年的城市空间形态，进而与紧凑城市形态模拟结果进行对比，通过紧凑度和优质农田消耗量的差别来体现紧凑城市形态的优越性[92]。

（1）MCE-CA 模型

多准则判断 CA 模型（MCE-CA），最早由 Wu 和 Webster 提出，是一种简单、易于实现的 CA 模型。将 MCE-CA 模型用于城市形态模拟，所考虑的区位因素包括一系列空间可达性变量和农田适宜性（varg）。可达性变量包括：市中心可达性（vcity）、镇中心可达性（vtown）、高速公路可达性（vhway）、铁路可达性（vrway）和一般道路可达性（vroad）。

（2）研究区及数据

针对东莞市出现的城市发展无序蔓延、大片农田和果园被推平、城市用地分散、零乱的格局。通过对 1995、1999、2001、2003 和 2005 年的 LandsatTM 遥感影像进行分类，提取城市用地信息，并计算紧凑度、信息熵的变化情况（表 4-21）。各个年份的紧凑度指数都比较低，且不断下降，表明城市用地趋于分散，斑块趋于破碎。信息熵指数逐年上升，同样体现出城市发展无序、空间格局越来越凌乱。因此，有必要采取针对性措施，对城市发展进行干预，遏制城市无序蔓延。

1995 ～ 2005 年东莞市城市用地紧凑度和信息熵　　　　表 4-21

年份	1995	1999	2001	2003	2005
紧凑度	0.022	0.018	0.018	0.017	0.017
信息熵	0.890	0.935	0.943	0.948	0.960

利用 GIS 获取模型所需的空间数据，包括 2001 和 2005 年的土地利用数据，市中心、镇中心可达性，铁路、高速公路和一般道路可达性，以及农田适宜性。所有数据的分辨率均统一到 100m × 100m；空间变量的数值均进行了归一化，取值范围在 0 和 1 之间（图 4-31）。

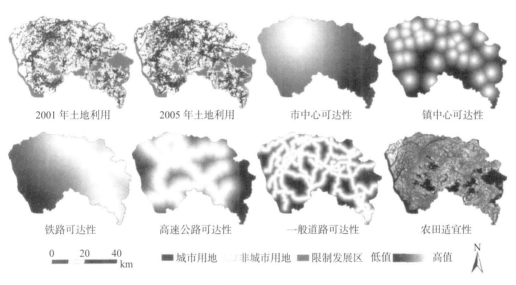

图 4-31　CA 模拟所需的空间数据

资料来源：陈逸敏等 . 基于 MCE-CA 的东莞市紧凑城市形态模拟 [J]. 中山大学学报，2010（6）：110-114.

（3）模型运行结果与比较

首先将模型用于现实城市形态演变的模拟。将 2005 年与 2001 年的土地利用数据叠加，提取新增的城市用地信息。与 2001 年相比，东莞市 2005 年新增了 160km^2 的城市用地，平均每年以 51.7% 的速度增长。城市用地主要沿交通干线扩张，用地呈现出破碎、分散的空间格局。

现实城市形态模拟结果和初步的目视判别显示两者的用地空间格局均体现出了较高的一致性。进一步采用点对点比较的方法对模拟结果与实际用地格局进行比较。其中城市用地模拟结果的生产精度、用户精度均超过 77%，非城市用地的模拟结果的精度也都超过了 80%，能够满足实际应用的需要。因此，验证结果表明上述权重组合准确反映了各个空间变量在城市发展中所起到的作用，可以用于未来城市空间形态的预测。利用上述权重组合分别模拟了东莞市 2010 年和 2020 年的城市形态。为使未来城市形态趋于紧凑，避免用地过于分散、破碎，需要采取措施对城市空间扩张的趋势加以干预。应该有选择地利用城市后备土地资源，尽量减少优质农田的消耗。基于上述规划目标，首先利用 AHP 方法确定

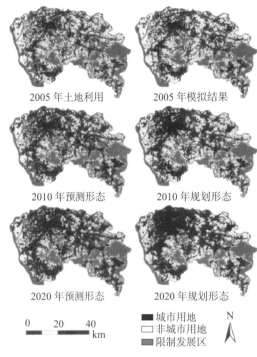

2005 年土地利用   2005 年模拟结果

2010 年预测形态   2010 年规划形态

2020 年预测形态   2020 年规划形态

0   20   40
km

■ 城市用地
□ 非城市用地
▨ 限制发展区

图 4-32 AHP-MCE-CA 模拟结果

资料来源：陈逸敏等. 基于 MCE-CA 的东莞市紧凑城市形态模拟 [J]. 中山大学学报，2010（6）：110-114.

各个变量的重要性，加强了农田适宜性分析，城市中心、镇中心可达性变量的影响，最后得到用于模拟紧凑城市形态的权重值组合。

利用紧凑城市形态的权重值组合模拟了 2010 年和 2020 年的城市形态（图 4-32）。初步的目视对比可以发现，在紧凑城市模型的限制下城市无序蔓延的趋势可得到遏制，用地逐渐趋于紧凑，布局凌乱的状况得到改善。对紧凑城市形态与预测的现实形态模拟结果进行统计和比较，两者的城市规模在 2020 年均达到 1166km^2 左右，现实城市形态比紧凑形态高出 118km^2。由于对城市空间扩张趋势施加了人为干预，规划的城市形态在紧凑度上远大于未施加干预的现实城市形态。此外，假定 varg> 0.15 的属于优质农田，通过统计优质农田损耗情况发现：规划的城市形态减少了对优质农田的侵占，所消耗的优质农田数量与现实城市形态相比约减少了 19.14%。可见紧凑城市形态的规划结果能够起到优化城市发展的作用。

（六）用地混合布局技术方法

1. 土地利用混合度技术方法

1）土地混合利用程度计算

土地利用的混合程度可以引入信息论中熵的原理来表示，熵值的大小表示混合程度的高低。其计算公式为

$$S = -\sum_{i=1}^{n} P_i \lg P_i \tag{4-13}$$

式中 S——土地利用混合程度的熵值；

n——土地利用类型的划分数目；

P_i——第 i 类土地面积所占比例。

林红等（2007）提出由于熵具有对称性，式 4-14 只能从土地使用规模的角度来反映土地利用整体状况，而无法体现各类用地比例分布对土地利用混合程度的影响。在影响居民出行空间分布的土地利用各因素中，人口和就业岗位的密度是主要因素，人口和就业岗位密度的熵对数模型能够比较准确地反映土地利用的混合程度。反映的混合率熵对数模型见式 4-15：

$$M = |P \cdot \lg P| + \sum_{k=1}^{n} |j_c \cdot \lg j_k| \qquad (4\text{-}14)$$

式中　M——土地利用混合率；

　　　P——人口密度（千人/hm^2）；

　　　j_c——第 c 类人口密度（百个/hm^2）；

　　　j_k——第 k 类就业岗位密度（百个/hm^2）；

　　　n——按国民经济行业划分的就业岗位种类数[93]。

2）案例研究

广州市中心城区土地混合利用研究。根据林红等（2007）研究相关资料，广州市中心城区建设用地如表 4-22 所示，与 1998 年相比，2010 年规划中的土地利用结构有较大变化。其中居住用地、工业用地、仓储用地和市政设施的比例有所下降，特别是居住用地比例下降比较大。利用上节的式 4-14 对各类土地利用结构进行计算，可以得到 1995 年、1998 年和 2010 年（规划）的土地利用混合程度的熵值分别为 0.82、0.81、0.80，即广州市土地利用总体上的混合程度变化不大，保持在一个稳定的水平上。但 3 个阶段内各类型土地利用比例调整较大，这说明采式 4-14 来反映土地利用混合程度不够准确。

广州城市建设用地结构　　　　　　　　　　　表 4-22

用地类别	1995 年		1998 年		2010 年	
	面积（km²）	比例（%）	面积（km²）	比例（%）	面积（km²）	比例（%）
居住	73.7	28.5	88.6	32.3	106.6	22.7
公共设施	35.2	13.6	20.1	7.3	47.4	12.3
工业	62.3	23.9	65.4	23.8	74.3	19.3
仓储	8.2	3.2	22.4	8.2	14.6	3.8
对外交通	22.0	8.5	14.8	5.4	25.4	6.6
道路广场	16.5	6.4	18.6	6.8	49.7	12.9
市政设施	6.8	2.6	9.7	3.6	10.8	2.8
绿化	30.7	11.9	29.8	10.8	52.7	13.7
特殊用地	3.9	1.5	5.2	1.9	3.9	1.0

资料来源：《广州市土地利用总体规划（1997—2010 年）》（2000）；《广州城市建设统计年报》（1998）。

根据上节的式 4-15，引入人口和就业岗位密度。2005 年广州中心片区人口与就业岗位密度如表 4-23 所示。将就业岗位密度和人口密度代入上节的式 4-15，可以得到各区的土地利用混合程度（表 4-24）。

2005 年广州中心片区人口与就业岗位密度　　　　　表 4-23

行政区	土地面积（km²）	人口密度（千人/km²）	就业岗位密度（百个/hm²）
荔湾区	59.10	0.7792	0.4316
越秀区	33.80	0.3404	1.4608
海珠区	90.40	0.0970	0.3607

续表

行政区	土地面积（km²）	人口密度（千人/km²）	就业岗位密度（百个/hm²）
天河区	96.33	0.0643	0.2806
白云区	795.79	0.0096	0.0071
黄埔区	90.59	0.0212	0.1745

资料来源：《广州统计年鉴》（2006）：就业岗位数密度为各区统计局提供数据计算所得。

广州中心片区土地利用混合率   表 4-24

行政区	荔湾	越秀	海珠	天河	白云	黄埔
土地利用混合率	0.711	1.563	0.633	0.544	0.163	0.320

2. 职住平衡技术方法

1）就业居住偏离度指数

就业与居住在空间上的匹配均衡是影响城市交通出行的重要因素之一，对就业与居住空间均衡的分析以功能区为单位，其假设前提是，各功能区内部居住人口与就业岗位的配置若趋于平衡，则通勤交通趋于在功能区内部完成，跨区交通减少，城市整体交通压力降低。功能区的尺度可大可小，一般来说，以 3 ~ 10km 的通勤距离区较为合理。

孙斌栋等（2008）构建了就业居住的偏离度指数 Z_{ij}，其计算公式为：

$$Z_{ij} = (Y_{ij} / Y_i) / (R_{ij} / R_i)$$ （4-15）

式中　Z_{ij}——j 社区第 i 年份的就业居住偏离度指数；

　　　Y_{ij}——j 社区第 i 年份就业人口数；

　　　Y_i——园区第 i 年份的就业人口；

　　　R_{ij}——j 区第 i 年份的常住人口数；

　　　R_i——园区第 i 年份的常住人口。

某区偏离度指数等于1，表明该区就业与居住功能匹配相对均衡；指数大于1或小于1，表明该区居住与就业匹配发生失衡；指数大于1，意味着就业人口比重高于居住人口比重，表示该区就业功能强于居住功能，反之则居住功能占主导。测度就业与居住均衡性可以通过各区偏离度指数的标准差来衡量，标准差越大，表明就业与居住关系离均衡状态越远[94]。

2）案例研究

以苏州工业园区[95]为例，分析就业居住偏离度指数及优化。

苏州工业园区土地使用混合程度较低。在历版园区规划中，均考虑了居住、就业在用地比例上的配套，但实际的情况与规划构想并不相符：园区的住宅质量与档次在苏州市中处于领先地位，吸引了全市大量高收入水平的居民入住；而园区的主要就业机会——技术工人则多为外来务工人员，很难有经济实力购买高价住房，居住问题基本靠工厂内部集宿和园区外围周边租房解决。这就导致了产居关系的结构性失衡，而且近年来有加剧趋势。

（1）分区选择

根据苏州工业园区分区规划的功能分区，将园区分为 8 个片区（图 4-33）。A1 区：即苏州总规确定的新 312 国道以北地区；A2 区：即新 312 国道以南、娄江以北地区；B1 区：即中新合作区一期（金鸡湖以西地区）和娄葑镇北区局部、娄葑镇南区、苏嘉杭高速以西、东环路以东地区；B2 区：即中新合作区二期及星华街东侧临时绿地；B3 区：即中新合作区三期，扣除星华街东侧临时绿地；B4 区：即胜浦镇；C1 区：即娄葑镇中的原斜塘镇部分；C2 区：即娄葑镇中的原车坊镇部分。

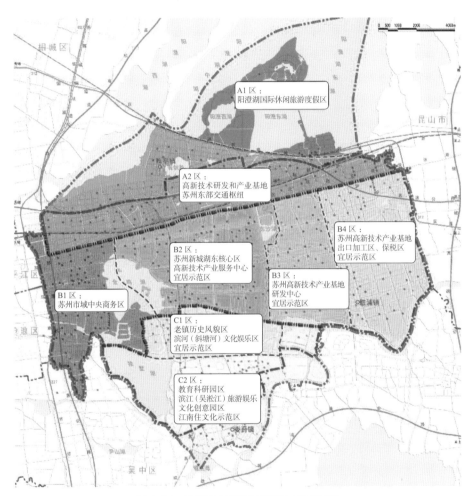

图 4-33 苏州工业园区分区规划功能分区图

资料来源：江苏省城市规划设计研究院．苏州工业园区总体规划实施评估与优化，2010.

（2）不同年份就业居住偏离度指数分析

通过 8 个分区的常住人口和就业人口的数据收集、计算，得到 2000 年和 2008 年就业居住偏离度指数，结果表明，园区就业与居住的偏离度标准差随时间推移呈增大趋势，这说明其就业与居住的均衡度在降低。这种现象导致园区与城市中心区间的通勤流过大，交通瓶颈压力加剧（图 4-34）。

a. 2000 年   b. 2008 年

图 4-34　苏州工业园区现状就业居住偏离度指数分析

资料来源：江苏省城市规划设计研究院 . 苏州工业园区总体规划实施评估与优化，2010.

（3）以就业居住偏离度模型引导产居适度平衡

通过就业居住偏离度分析，通过合理的组团划分和二级中心分布，促使产居平衡（图 4-35）。

为引导关联性活动在慢行尺度集聚，减少居民机动车出行频次，以自行车出行尺度（1500m）划分组团，将园区划分为 26 个组团，每个组团 5 ~ 10km²，强调组团内产居相对平衡。

以慢行尺度划分组团，考虑到组团中心的辐射范围，共增设 4 个组团中心（唯亭西 1 处、中新生态城 1 处、科教创新区 2 处），每个组团中心占地约 30hm²，用地性质以商业商务功能为主（图 4-36）。按照规划的组团中心，城市二级中心（城市及组团中心）1500m（自行车尺度）辐射范围占总建设用地的比例为 57%（分区规划为 46%）。

图 4-35　优化组团划分

资料来源：江苏省城市规划设计研究院 . 苏州工业园区总体规划实施评估与优化，2010.

通过在组团内增设商业商务用地及保留现状综合效益较好的产业用地以平衡居住偏离较大地区；通过适当增加居住用地以平衡就业偏离较大地区，从而从整体上促进实现各组团产居相对平衡目标，引导用地布局的优化。

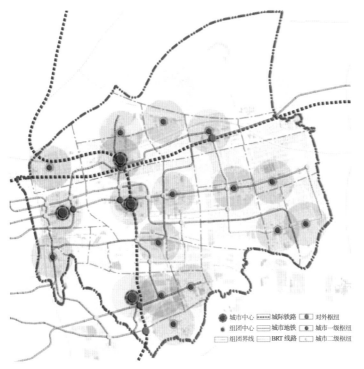

图 4-36　优化组团中心分布

资料来源：江苏省城市规划设计研究院.苏州工业园区总体规划实施评估与优化，2010.

图 4-37　优化后的就业 - 居住偏离度指数

资料来源：江苏省城市规划设计研究院.苏州工业园区总体规划实施评估与优化，2010.

（七）微气候与空间形态塑造

1. 基于微气候的空间形态塑造技术方法

1）微气候与城市空间形态评价指标

创造舒适的室外环境是城市设计研究所要达到的理想目标之一。针对微气候环境的问题，目前主要考量的因子是：热舒适度、风舒适度和场所的空气龄[96]。

（1）热舒适度

由于室外环境的复杂性，无论时间、跨度和空间尺度上的巨大，还是变化范围和人们活动类型的多样。目前，国际上对室外环境舒适性的理解和研究仍处于深化探索的状态。传统的舒适性指标大多沿用了室内的标准，局限于人体生理指标。然而与心理学和社会学结合的城市研究指出，仅仅以生理指标考量室外舒适度并没有现实意义，人们对室外舒适度的感受受到其当时的处境与季节的影响，并且可以通过与建筑物质环境的互动，即"适应性"（adaptive）操作，来调节其对环境的满意程度。由此，研究将传统的"热舒适度"细分为"热感知"（thermal sensation）和"热满意度"（thermal satisfaction），"热感知"是生物性的和个人化的，"热满意度"与建筑物质环境的设计密切相关。因此，考量热舒适度要将生理指标和心理感受综合起来考虑，通常是 4 项生理学指标和 3 项心理学指标。生理学指标是：空气温度、气流速度、辐射度和相对湿度，心理学指标是活动内容的适应性、着装舒适度和绿视率①。

（2）风舒适度

评价风的物理指标很多，但是评价风舒适度则比较复杂，其中人的承受喜好成为重要因素。通过大量的问卷访谈和实地记录表明人们对城市室外公共空间中风舒适度的评价和风速的力学效应有相关性，因此可以用风速作为考量风舒适度的量化指标。相关研究表明当平均风速低于 5m/s 时，一般人们认为比较舒适，而大于 6m/s 且有湍流时，人们会感到不舒适。另一方面，尽管对于行人而言风舒适度要求低风速（$u<5m/s$），但是街道良好的通风环境则需要风速最小不低于 2m/s，以确保空气质量。

（3）呼吸性能

用空气龄作为评价城市呼吸性能的指标。空气龄的概念来自于室内通风领域的研究，在城市风环境研究中转换为表示新鲜空气自进入城市后，到达市区某个地方所需要的时间。空气龄是城市空间通风效果的重要标志，表达了城市空间的透气性（Breathability），是考量城市中污染物滞留情况的重要指标；在城市微气候研究中，城市的透气性能和气温同样重要。然而，讨论新鲜空气到达城市某特定地区的时间非常困难，因此通常转为讨论城市某特定区域污染物扩散的模式和污染物浓度，以替代直接讨论空气龄。

2）CFD 模型

计算流体力学（Computational Fluid Dynamics，即 CFD）始于 1930 年，集流体力学、计算方法以及计算机图形学于一体。它是一种用于分析流体流动性质的计算技术，包括对

---

① "绿视率"概念由日本的青木阳于 1987 年提出，是指在人的视野中绿色所占的比率，后由日本环境心理学研究专家大野隆造教授（2002）发展出"绿视率"理论，从人对环境的感知层面考虑，为城市绿视觉质量的评价确立了量化的指标标准，使城市绿地视觉价值得到了数量化的统计。

各种类型的流体在各种速度范围内的复杂流动在计算机上进行数值模拟计算。运用CFD技术对一定空间中的气流建立流体的湍流模型，再根据提供的合理边界条件和参数，可以对该空间内的流体流动形成的温度场、速度场和浓度场进行仿真模拟，并直观地显示其设计结果。研究者可以根据模拟结果进行分析，并提出优化方案。

城市作为一个复杂的物质实体，气象条件如风速、温度、大气压等都会对其热环境造成影响。另外在一定的气候条件下，不同的城市布局，也会导致不同的热环境。而CFD模拟仿真技术则可以模拟在气象条件作用下太阳辐射的影响，以及在风场的作用下，城市温度、风速、空气龄等参数的变化，也可以预测在一定的气候条件下，不同的城市布局对城市热环境的影响。

CFD软件通过建立相应比例的数字模型，并通过准确地模拟空气流通、空气品质、传热和舒适度等参数，来探讨与建筑及城市相关的设计和规划等问题。从而为研究城市的热环境及微热环境状况，探讨不同城市形态及街区空间对于城市气候的适应状况，检验不同建筑体形及城市空间形态的气候适应性，为提高节能效益提供相应的依据。

室外环境的评估，通常采用风洞模型实验或计算机数值模拟（计算流体动力学CFD）等方法。与风洞实验相比，CFD方法具有周期短、价格低、计算结果直观、详细等众多的优点，在国际上已广泛采用。国内也有不少单位开始研究或已经应用数值模拟技术对城市局域微环境和（住宅）建筑群环境进行规划设计。

2.案例研究

以深圳市为例，探讨自然通风评估研究对城市形态优化的影响。

1）深圳微气候的总体特征

深圳城市热岛效应发展与快速城市化进程基本吻合，自1978年以来，深圳年气温上升速度明显高于广东沿海城市平均水平，1980年代热岛效应开始显著增强，1990年代热岛效应增幅最为巨大，进入21世纪城市基本建设速度放缓，热岛效应强度增长速度下降。

深圳市年平均热岛强度分布为西部＞中部和特区＞东部（图4-38）。影响深圳城市热岛空间分析特征的主要因素包括：①植被覆盖。深圳市东部以及石岩水库和梅林水库的自然植被、水体破坏较小，斑块的面积规模和完整性好。②城市建设发展水平。从空间分布来看，深圳热岛效应较强地区基本与城市建设强度呈现正相关，城市界面、形态对热岛效应的影响非常明显。③海陆风。深圳特区范围内热岛效应并非最强得益于其濒临深圳湾，受到海陆风的直接影响，海洋水体巨大的热容量减缓了城市热岛的发展。④降水量的分布。东南部大棚湾沿岸，多年平均降水量要比其他地方大得多。

2）深圳自然通风评估方法

（1）关键问题1：评估对象

对于建设规模或开发强度较大的规划、建设项目，应进行自然通风评估：用地大于5hm²或总建筑面积超过10万m²的项目，开发强度或用地性质发生显著变化的项目，其他可能产生潜在通风影响的，建筑高度和开发强度较高的项目。根据片区的空间形态确定，对建设用地位于工业区和城中村片区内的新建项目，或涉及工业区和城中村的城市更新项目，应进行自然通风评估。根据城市风环境特点，位于以下区位的项目应进行风环境评估：

图 4-38　深圳市年平均热岛强度分布

资料来源：深圳大学. 深圳市城市自然通风评估方法研究，2011.

建设用地位于深圳风环境分级图中三级区的项目，建设用地位于海洋、湖泊及水库等大型水体岸边 1km 内，或与大型水体之间无其他建筑遮挡的项目，建设用地位于山边的项目，建设用地突出于城市通风走廊或位于城市通风走廊转向的项目，建设用地位于其他风环境敏感地区的项目。

（2）关键问题 2：空间模式

规划结构层面，城市通风走廊要使各街道及空地连为一体，风道与通风走廊夹角宜 90°；集中而宽阔的街道通风效果优于分散而狭窄的街道；高密度发展的区域或地块尺度超过 100m 的区域，主要街道方向与盛行风向呈 30 ～ 60°。

建筑群体层面，通风敏感区域建筑密度宜 30% 左右，否则应增加风道；地块间口率[①]应控制在 60% ～ 70%，尤其是海边等城市来风方向的区域等；平面错列式的布局有利于自然通风；塔楼底部的裙房部分应采取划定非建设区、后退或架空等形式形成贯通风道，风道有效宽度和高度不小于 6m；建筑群体宜采取阶梯状、内高外低的高度错落形式，或在类似高度的一群建筑中设置一栋较高建筑以引风。

建筑单体层面，为保证群体通风质量均好，宜使建筑长边与主导风向呈 30 ～ 60° 角；迎风面较长的建筑宜采用弧线形；边角为弧线的建筑背风区域压力较稳定；对围合形的建筑宜采取打断、高度差异化或改变夹角的形式改善通风；高层建筑底层宜架空，架空高度为 6m 左右；板式建筑的立面透空面积比宜 10% ～ 15%；单面通风的房间宜采用增加导风翼板、外廊或平台的形式改善外立面通风。

---

① 建筑间口率为用于控制建筑物布局的指标，目的是控制建筑布局对通风的影响，计算公式为：建筑间口率 = 建筑面宽 / 基地面宽。

（3）关键问题3：技术方法

采用数字流体动力学（Computation Fluid Dynamics，CFD）技术的通风模拟应根据该技术导则要求设置模拟的空间范围、边界条件、周边环境、控制方程、网格划分等，并在求解计算达到收敛之后进行结果选取与分析。

3）实践案例——深圳南山中心区城市设计的自然通风研究

南山中心区这样的高密度开发区域，应当建立通风走廊和风道的网络，在不同的尺度上保证通风的顺畅和有效，防止风灾害的发生。评估步骤：①初步评估（形态研究）；②建立CFD模型；③模拟结果综合分析及优化建议。

对城市空间的风通道宽度、主风道与主要人行区域网络、塔楼间距等进行形态初步评估，发现整个片区结构良好，局部微风风环境情况需通过模拟深入考察。

通过初步判断，建立CFD模型，模拟评估的主要内容如下：风廊风道发挥作用的情况，重点区域的风环境情况，区域内整体的风速和局部风速过大情况，区域内的热环境情况等（图4-39）。

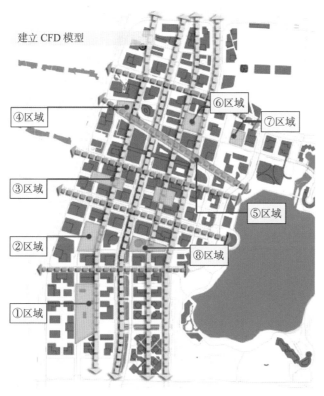

图4-39　CFD模型重点研究区域

资料来源：深圳大学.深圳市城市自然通风评估方法研究，2011.

通过对日间风速、热环境舒适度等分析（图4-40），发现总体通风良好，风的峡谷效应明显，局部存在风速放大过大的问题，建议提高中部组团的透风系数，避免通风走廊风速放大过大的潜在危险（大概15%左右的东南风初始风速超过2.5m/s）。

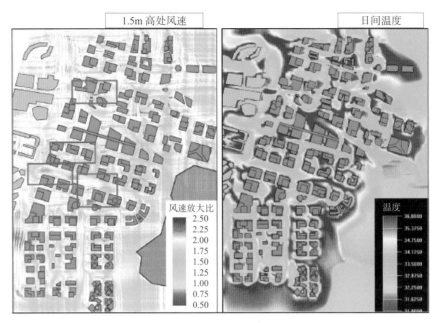

图 4-40 日间平均风速比和热环境舒适模拟

资料来源：深圳大学．深圳市城市自然通风评估方法研究，2011.

通过对夜间风速、热环境舒适度等分析（图 4-41），发现风廊与风道未能正常发挥作用，导致区域内（特别是南区）的重点区域风速过低，建议通过建筑退让、架空或骑楼等方式提高南北向通风走廊的作用。

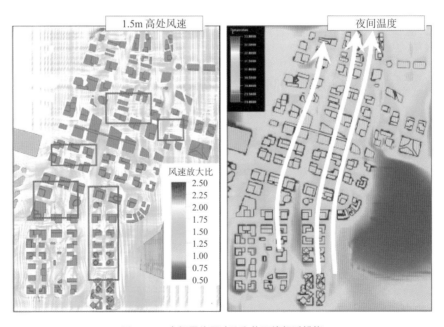

图 4-41 夜间平均风速比和热环境舒适模拟

资料来源：深圳大学．深圳市城市自然通风评估方法研究，2011.

同时对风速进行切片分析（图 4-42），发现南北向风道较长，空气流动阻力相对较大，中间的道路断面较宽，风道作用较为明显，两侧的道路未能形成有效的风道；东西向风道较短，断面较宽，空气流动阻力相对较小，风道作用普遍比较理想，而最南侧的风道相对较弱，应当注意预防因风道两侧建筑形体透风系数过低，而形成峡谷风效应，风速放大过大。

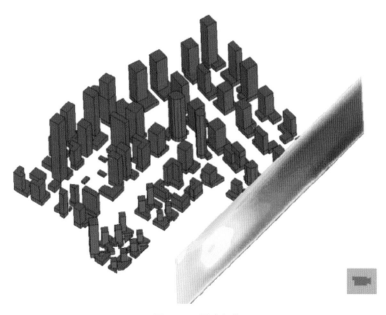

图 4-42　风速切片

资料来源：深圳大学.深圳市城市自然通风评估方法研究，2011.

三、研究述评

1. 研究存在问题

空间布局涉及因素多、范围广，什么是最优空间布局一直是规划界探讨的重要问题。从功能分区技术方法到紧凑混合技术方法、从经济最优到低碳生态引领，随着人们对空间目标的优化，技术方法也在不断改进，但目前最优空间布局和最优空间形态还未能形成标准。在用地选择方面，目前对生态适宜性的理解存在偏差，对本身生态属性类因子的选择不全面；在用地布局方面，影响减碳低碳的因子如交通引导、小尺度街区、紧凑混合发展等还处于理念模式向技术方法不断迈进的过程中，技术方法尚不成体系；在空间形态方面，基于微气候改善的理念、技术方法近几年才开始探索，还属于新生事物。因此，现阶段通过技术方法进行最优空间布局还存在一定的距离，需要不断地充实相关内容，特别是与实施可行性、旧区改造可行性相结合的内容，才能更好地指导空间优化。

2. 深化研究方向

1）生态适宜性评价体系的规范化和科学化

生态适宜性评价方法深化方向在于因子选择的规范化和评价体系的科学化。在明确概念、明确对象、明确目标的基础上，明晰因子选择的基本原则，合理选择普适性基本因子和特殊性补充因子，规范因子选择条件；根据不同地区的地理特征，总结典型瓶颈制约因素，结合相关分析方法，设定针对不同地理特征类别的各因子权重区间，科学制定评价体系。

2）公交导向的用地开发特征研究

进一步深化公交导向模式，建立公交枢纽与用地开发的定量关系，重点探讨不同区位条件下的公交枢纽周边用地布局类型，以及不同流量下的公交枢纽周边的开发量控制要求，综合考虑公交人群对用地的需求导向，更好地促进公交与用地一体化发展。

3）小尺度街区的标准化研究

探讨现有道路交通规范下的小尺度街区，按不同规模城市和不同功能区因地制宜优化道路等级、道路网密度和道路宽度，尤其是公交枢纽500m范围内的道路网密度，同时针对不同功能区包括商业、居住和工业等确定适宜的街区规模标准，完善小尺度街区评价标准，形成指导城市街区尺度优化的重要指引。

4）紧凑布局和混合布局的科学评价指标体系

围绕紧凑布局和用地混合发展，进一步明晰相关概念内涵，完善紧凑布局和用地混合发展的量化测度，形成科学、合理、切实可行的评价体系，并考虑对老城和新区不同的适宜性，考虑信息化、网络化影响，围绕空间结构的优化和用地的合理布局进行评价指标体系的选择，突出测度的空间属性，最终反映到城市的空间体系合理塑造中。

5）微气候导向的理想空间形态模型

进一步研究城市空间形态与微气候之间的关联性规律，寻找空间形态的变化与热舒适度、风舒适度以及空气龄之间的关系，探索良好的城市形态改善城市区域小气候，改善舒适度，促进节能减排。建立宏观的城市尺度、中观的片区尺度和微观的社区尺度的基于微气候优化的空间形态模型，合理利用CFD等模拟软件，基于优化微气候效应对城市合理形态阈值进行研究。

第五章 基于循环经济的产业布局技术方法

循环经济是基于生态经济原理和系统集成战略的减物质化经济模式，是一种以资源高效利用和循环利用为核心，以低消耗、低排放、高效率为基本特征，以 3R（减量化、再利用、再循环）为操作原则，以可持续发展为目标的经济发展模式，是对"大量生产、大量消费、大量废弃"的传统增长模式的根本变革。

发展循环经济是我国建设资源节约型、环境友好型社会，实现可持续发展的必然选择，是落实党的十八大推进生态文明建设战略部署的重大举措。借此，促进循环经济的发展也已成为进行城乡规划工作时需贯彻的重要思想。从广义内容看，循环经济包含循环型工业体系、循环型农业体系、循环型服务业体系、社会范畴的循环经济发展等。从循环经济的狭义内容看（仅关注工业循环经济）也包含企业、园区、城市、区域 4 个层面。从与城市规划联系的紧密程度和可调控程度看，循环经济中的园区层面的产业布局与城市规划联系最为紧密，可调控程度较高，技术方法亦较具普遍性；城市层面的循环经济由于可包含基于低碳生态导向的工业用地布局调整，也与城市规划有较密切关系。因此，本章的研究主题为基于循环经济理念的工业产业布局技术方法，案例涉及城市及园区两个层面，以园区层面为主。

一、国内外研究进展

1. 国外研究综述

国外对基于循环经济理念的产业布局技术方法研究主要集中在生态工业园的理论及实践领域。"生态工业园"概念于 1992 年由美国 Indigo 发展小组以"卡伦堡共生体系"为模式正式提出[97]。美国总统可持续发展委员会（PCSD）对生态工业园的认识有两种观点，分别将其看作有效合作、分享资源（信息、原料、水、能源、基础设施和自然环境）的市场共同体和按计划实行原材料和能源交换的工业体系，前者着重组织和社会层面，后者强调物流和能流[98]。

20 世纪 90 年代，国外对生态工业园的研究主要集中在生态工业园的生态系统性质、系统构建和发展政策上。如 Cote 和 Hall（1995）对加拿大 Burnside 生态工业园的 278 个企业进行了调查研究，提出生态工业园设计和运行的一系列原则、政策和指导[99]。Lower（1997）通过对新建生态工业园促进副产品交换的一系列措施综合分析，提出实现副产品交换是生态工业园的策略，并指出副产品交换应遵循自我组织特性，园区的工作重点应放在促进和加强这一行为的产生[100]。进入 21 世纪以来，国外对生态工业园的研究则主要集中在工业共生网络、生态工业园的系统结构和生态工业园模型方面[101]。Fichtner W 等（2004）对生态共生网络及其分类进行了深入研究，提出工业共生网络运行模式分类，即工业供应网络和资源回收网络，资源回收网络可进一步分为共同投资的网络和无共同投资的网络[102]。Ewa Liwarska-Bizukojca（2009）等从系统结构，企业作为生产者、消费者和分解者的分类，物质流和能量流，相互作用类型等 4 个方面提出了基于生态关系的生态工业园模型，并认为园区企业的多样化是必须的，而且园区内至少有一个工业生产者或者分解者[103]。由于实体生态工业园固有的改造难度大、系统稳定性不足等问题，国外当前理论和实践界亦将研究触角拓展至虚拟生态工业园的建设上，典型案例如美国德克萨斯州的布朗斯维尔工业园（Brownsville Eco-industrial park）[104]。

2. 国内研究综述

国内相关研究集中在以下两方面。其一，循环经济与工业发展和布局关系的理论研究；其二，基于循环经济理论的生态工业园区规划实践。以上两大研究方向中均有部分研究对循环经济产业布局技术方法进行探讨。

在循环经济与工业发展和布局关系的理论研究领域，柯金虎（2002）提出生态工业园规划应尽可能保持当地的生态特征和自然景观，采用废物预防为基本设计原则，运用信息系统以使得能流和物流形成一个封闭的环[105]。吴峰等（2002）提出了生态链原则、工业生态系统整体性与成员个体统一原则、多样性原则、空间组织与联系的高效性原则[106]。段宁、邓华等（2005）通过专家调查和全国范围内的统计调查，对我国 47 个生态工业共生网络样本实证测量研究，通过因子分析、相关分析和回归分析等统计学手段，得出影响我国生态工业园的稳定性因素：政府支持力度越大、资源交换技术越充分、园区核心企业越强有力、成员之间沟通障碍越小、内部成员主营业务越多样化，园区就越稳定[107]。慈福义（2006）提出区域主导循环型工业的选择必须遵循以下原则：较强的创新能力、较强产业生态关联性、较高的需求收入弹性、较高的发展速度或潜在发展速度、较高的比较循环经济利益、具有较大的产业规模；循环经济导致企业布局指向发生变化，即：原料指向削弱，集聚经济指向转为集聚循环经济指向，布局指向不明企业增多趋势放缓[108]。

在基于循环经济理论的生态工业园区规划领域，陆佳（2007）以深圳宝安区的生态工业园规划实践为例，提出包含经济发展、物质减量与循环、污染控制、园区管理 4 个方面的规划指标体系，并对各生态工业园进行分类指引，核心要点包含循环产业链构建、建立"实体型"与"虚拟型"相结合的发展模式等[109]。贾丽艳等[110]（2008）从沈阳市建设西部生态工业走廊的实际出发，提出了运用循环经济理念，在先进装备制造、化工、冶金、建材 4 个园区的各个企业内部、各园区企业之间、4 个园区之间实现物质集成、水和能量的梯级使用与信息集成，以及资源减量化、废物资源化的目标。柳翊、李启军（2012）以台州湾循环经济产业集聚区总体规划为例，对循环经济理念在城市空间规划编制中的应用进行了实证研究，研究以循环经济的产业选择为突破口，确立循环经济产业体系并在空间布局中予以安排[111]。李仁旺（2012）以济源市金利产业园控规为例，探讨了循环经济理论切入传统控规领域并指导控规编制的规划设计思路[112]。

涉及具体技术方法探讨的研究主要有清华大学生态工业研究中心提出通过产品体系规划、元素集成（主要应用在化工行业）以及数学优化方法构建原料、产品、副产品及废物的工业生态链，以及应用多层面生命周期评价与产品结构优化的方法来实现物质集成[113]。郭素荣（2006）提出通过企业和园区层面的副产品和废物交换、能量梯级利用、公共工程共享等途径来构建园区物质系统和能量系统的循环[114]。胡上春（2007）基于循环产业链、

自然生态评价分析、资源系统集成、生态学弹性空间等角度研究了生态工业园空间布局的
模式[115]。贺正楚，文希（2010）运用"单位能耗产值"和"单位三废排放值"两个生态
效益指标，对工业园区进行生态效益分析[116]。许景（2013）以江阴为例，尝试利用"污染—
效益—能耗"综合模型，对江阴市域的产业发展及空间布局提出调整建议[117]。

3. 重点研究问题

研究基于循环经济的产业布局技术方法可以归纳为两个命题，循环产业链构建的技术
方法和低碳产业布局技术方法。其中，循环产业链的构建技术方法为后一命题的研究基础。

1）循环产业链构建

循环产业链的构建技术方法可以分为两方面：①提高产业关联度的技术方法，即依托
投入产出表分析的产业关联度测算；②构建产业共生链的技术方法，包含物质流分析、实
物型投入产出分析。

2）低碳产业布局

低碳产业布局的技术方法可以分为两方面：①从提高废弃物资源化利用可实施性角度
出发，以产业规模化集聚来提高废弃物资源规模化利用可行性，可运用区位熵测算、波士
顿矩阵测算等产业评估方法；②从减量化的角度出发，在传统产业布局考虑效益的基础上，
引入能耗及污染综合分析指数，优化产业选择及空间布局方案。此外，生态工业园的具体
空间布局模式和影响因素也是需要研究的内容。

二、相关技术方法

（一）循环产业链构建方法

1. 提高产业关联度

1）产业关联度测算

从 1987 年开始，我国开始在每逢尾数是 7 和 2 的年份进行全国投入产出调查，编制
基本投入产出表，每逢尾数是 0 和 5 的年份编制延长投入产出表。各省份亦有编制基于本
省数据的投入产出表。由于编制投入产出表耗费较大精力，市县一般鲜有编制自身的投入
产出表。进行城市或园区规划，考虑主导产业间的关联关系，一般应在参考本省或全国投
入产出表的基础上进行。当前，通用的投入产出表为 2012 年全国投入产出表。

衡量一个产业与其他产业技术经济联系的密切程度，可以通过直接消耗系数（a_{ij}）及完
全消耗系数（b_{ij}）来进行衡量。直接消耗系数 a_{ij} 是生产单位 j 总产出对 i 产品的直接消耗量，
完全消耗系数 b_{ij} 是生产单位最终使用的产品所要直接消耗某种产品的数量与全部间接消
耗这种产品的数量之和。完全消耗系数可以通过直接消耗系数推导计算而成。A 为直接消
耗系数表，B 为完全消耗系数表。直接消耗系数表与完全消耗系数表的关系见式5-3：

$$A = \begin{bmatrix} a_{11} & a_{12} & \cdots & a_{1n} \\ a_{21} & a_{22} & \cdots & a_{2n} \\ \vdots & & & \vdots \\ a_{n1} & a_{n2} & \cdots & a_{nn} \end{bmatrix} \quad (5\text{-}1)$$

$$B = \begin{bmatrix} b_{11} & b_{12} & \cdots & b_{1n} \\ b_{21} & b_{22} & \cdots & b_{2n} \\ \vdots & & & \vdots \\ b_{n1} & b_{n2} & \cdots & b_{nn} \end{bmatrix} \tag{5-2}$$

$$B = (I - A)^{-1} - I \tag{5-3}$$

推导过程如下：

$$a_{ij} = \frac{x_{ij}}{X_j} \tag{5-4}$$

$$B = A + A^2 + A^3 + \cdots + A^k \tag{5-5}$$

用单位矩阵加在上式两端可得：

$$I + B = I + A + A^2 + A^3 + \cdots + A^k \tag{5-6}$$

用（$I-A$）去乘左乘上式右端，则：

$$(I - A)(I + A + A^2 + A^3 + \cdots + A^k) = I - A^{k+1} \tag{5-7}$$

对于价值型投入产出表而言，$0 \leq a_{ij} < 1$（$i, j = 1, 2, \cdots, n$）

故当 $k \to \infty$ 时，$A^k \to 1$ 时，则：

$$(I - A)(I + A + A^2 + A^3 + \cdots + A^k) \to I \tag{5-8}$$

根据逆矩阵原理，两矩阵相乘为一单位矩阵，则两矩阵互为逆矩阵，即可演变出下式：

$$I + B = (I - A)^{-1} \tag{5-9}$$

则

$$B = (I - A)^{-1} - I \tag{5-3}$$

对式 5-3 的求解可以利用 MATLAB 软件或直接调用 EXCEL 中的 MINVERSE 函数。

推导过程中，x_{ij} 为价值型投入产出表的第一象限各元素，意为 j 部门生产中消耗的第 i 部门产品数量。I 为单位矩阵。（$I-A$）$-I$ 又称投入系数矩阵（或称为列昂惕夫逆矩阵），设 r_{ij} 是列昂惕夫逆矩阵 R 中第 i 行、第 j 列的元素，其经济学含义是 j 部门生产每单位最终产品中 i 部门的应有总产品量 [118]。

以表 5-1 所示的根据 2012 年全国投入产出表算出的完全消耗系数表为例，从第三列数据可以看出，要生产 1 单位的食品饮料制造及烟草制品业产品，平均需要 0.605 单位的农林牧渔业产品、0.399 单位的食品饮料制造及烟草制品业产品、0.176 单位的化学工业产品等。

2）可临近布局的行业

分析完全消耗系数表 5-1，可以看出，一般规律上，表 5-2 中相关行业的关联度会比较强，对城市规划中产业布局带来的启示是：园区新设立、划定几个不同类型的工业产业分区选址时，在保证环保要求、不干扰相互生产的前提下，可以促进这些产业的相邻布局。

表 5-1

投入产出完全消耗系数表（2012 年）

产出＼投入	农、林、牧、渔业	采矿业	食品、饮料制造及烟草制品业	纺织、服装及皮革产品制造业	炼焦、燃气及石油加工业	化学工业	非金属矿物制品业	金属产品制造业	机械设备制造业	其他制造业	电力、热力及水的生产和供应业	建筑业	运输仓储邮政、信息传输、计算机服务和软件作业	批发零售贸易、住宿和餐饮业	房地产业、租赁和商务服务业	金融业	其他服务业
农、林、牧、渔业	0.252	0.029	0.605	0.311	0.032	0.138	0.048	0.043	0.051	0.168	0.027	0.054	0.049	0.096	0.038	0.026	0.058
采矿业	0.064	0.282	0.068	0.096	0.875	0.271	0.364	0.449	0.202	0.147	0.440	0.232	0.171	0.039	0.077	0.042	0.087
食品、饮料制造及烟草制品业	0.186	0.029	0.399	0.122	0.035	0.098	0.043	0.040	0.049	0.064	0.031	0.041	0.045	0.127	0.035	0.024	0.058
纺织、服装及皮革产品制造业	0.012	0.021	0.017	0.824	0.020	0.062	0.043	0.031	0.040	0.114	0.019	0.036	0.024	0.016	0.030	0.024	0.049
炼焦、燃气及石油加工业	0.050	0.078	0.046	0.059	0.147	0.170	0.120	0.127	0.082	0.071	0.108	0.094	0.177	0.029	0.062	0.033	0.060
化学工业	0.219	0.142	0.176	0.363	0.157	0.868	0.276	0.183	0.276	0.358	0.106	0.228	0.113	0.057	0.088	0.052	0.230
非金属矿物制品业	0.007	0.021	0.014	0.011	0.026	0.026	0.264	0.045	0.048	0.022	0.017	0.269	0.017	0.006	0.013	0.008	0.016
金属产品制造业	0.032	0.176	0.047	0.060	0.139	0.119	0.213	0.752	0.542	0.220	0.133	0.460	0.121	0.037	0.099	0.044	0.093
机械设备制造业	0.055	0.192	0.069	0.094	0.172	0.141	0.200	0.203	0.799	0.143	0.276	0.219	0.283	0.072	0.165	0.070	0.167
其他制造业	0.018	0.051	0.046	0.051	0.044	0.060	0.088	0.132	0.088	0.440	0.046	0.103	0.058	0.037	0.097	0.076	0.063
电力、热水的生产和供应业	0.048	0.145	0.057	0.091	0.135	0.170	0.187	0.184	0.119	0.108	0.548	0.125	0.068	0.036	0.040	0.031	0.059
建筑业	0.003	0.007	0.005	0.006	0.008	0.008	0.009	0.008	0.009	0.008	0.012	0.035	0.014	0.007	0.020	0.015	0.013
运输仓储邮政、信息传输、计算机服务和软件作业	0.049	0.077	0.091	0.096	0.087	0.114	0.123	0.108	0.122	0.106	0.082	0.128	0.223	0.070	0.077	0.089	0.102
批发零售贸易、住宿和餐饮业	0.051	0.060	0.111	0.151	0.066	0.111	0.092	0.079	0.129	0.103	0.069	0.091	0.089	0.074	0.083	0.082	0.097
房地产业、租赁和商务服务业	0.025	0.058	0.053	0.060	0.058	0.078	0.068	0.065	0.082	0.067	0.057	0.063	0.088	0.144	0.119	0.203	0.070
金融业	0.040	0.085	0.055	0.067	0.086	0.093	0.098	0.111	0.103	0.081	0.128	0.102	0.133	0.069	0.133	0.106	0.074
其他服务业	0.024	0.043	0.029	0.034	0.040	0.054	0.046	0.049	0.068	0.041	0.051	0.080	0.053	0.026	0.033	0.043	0.084

资料来源：中国统计年鉴 2015

从产业关联度角度可临近布局的第二产业类型　　　　　　　　　　表 5-2

行业名称	可以考虑临近布局的行业
纺织服装及皮革产品制造业	纺织服装及皮革产品制造业、化学工业（如与纺织联系比较紧密的化纤）
化学工业	化学工业、采矿、炼焦燃气和石油加工业、电力热力及水的生产供应业
金属制品业	金属制品业、采矿、电力热力及水的生产供应业、机械设备制造业、化学工业
机械设备制造业	机械设备制造业、金属制品业、化学工业、采矿业

2. 构建产业共生链

基于物质流和能量流的分析是构建具体企业之间产业共生链的重要工具。需要指出的是,构建具体企业之间共生链是基于产品层面、而非行业类别层面的分析。根据 2011 版《国民经济行业分类标准》(GB/T 4754—2011),制造业(门类 C)下共分 31 大类、175 中类、532 小类,产品的分类尚处小类之下,数以千万计。产品层面的分析必须具体问题具体分析,其技术改良及创新也是基于具体的一项或某几项产品。因此,在此仅列举一般研究方法,进行一个具体的循环经济产业园规划时还必须分析具体产品的具体特点,必要时应与特定行业的设计研究机构合作。

1）物质流分析（Substance Flow Analysis SFA）

自 SFA 方法出现以来,相关领域内出现了诸多的研究成果,但迄今为止,SFA 研究并没有公认的标准化的方法体系。在荷兰莱顿大学的 Van der Voet Ester 和 Udo de Haes 于 20 世纪 90 年代提出的技术框架基础上,结合对已有的 SFA 实证研究成果的总结,可以将 SFA 的基本程序概括提炼为[119]:①目标和系统界定:首先必须明确所要解决的问题,然后根据问题确定研究目标。系统的界定主要包括 3 个方面,即物质、时间、空间,另外在有必要的情况下也要对系统内的子系统进行界定。② SFA 分析框架确定:对于 SFA 研究来说,非常重要的一步是确定 SFA 所涉及的系统的拓扑结构,也就是对步骤①所界定的系统进行细化,识别需要分析的过程单元和流股。③数据获取与计算。④ SFA 结果的解释。

物质流一般包括:基于产品或者原料供应关系的正向流,废弃产品流,基于废物循环利用的逆向流,最终废物的处理流,过程损耗而产生的向环境排放的流,贸易进出口流。库存包括在经济系统中的库存和在环境系统中的库存两大类。前者包括尚未使用的工业中的产品和原材料、社会使用中的产品、社会不再使用但仍未废弃的产品;后者包括岩石圈中的自然资源和填埋废物（图 5-1）。

在物质流分析的基础上,可以原有过程为基础,引入工艺改进、新的替代过程、替代原料、补链工艺等,构建更优的生态产业共生链。物质流分析不仅可以用于原料、产品 / 副产品和废弃物的流动分析,也可以用于水资源及能源流动分析。水资源流分析包含水资源利用,废水的产生与再利用;能源流的分析主要包括了电力和热力的供需,以及清洁能源、可再生能源的使用。图 5-2、图 5-3 分别展现了天津子牙循环经济产业区规划的产品物质流分析和水资源 / 能源流分析过程。

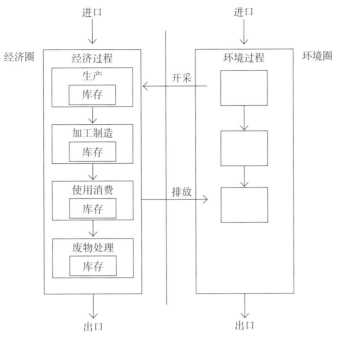

图 5-1　物质流分析基本框架 [120]

资料来源：张玲，袁增伟，毕军.物质流分析方法及其研究进展 [J].生态学报.2009
（11）：6189-6198.

Gu in e J B，van den Bergh J C JM etc. Evaluation of risks of metal flows and accumulation
in economy and environment. Ecological Economics，1999，30：47-65.

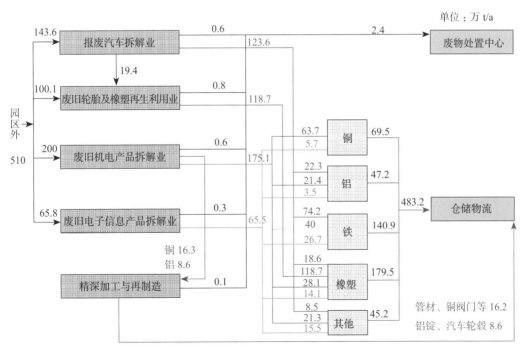

图 5-2　天津子牙循环经济产业区规划的产品物质流分析图（2020 年）

资料来源：叶祖达，田野，王静懿.工业代谢方法在生态产业园规划中应用 [C].2009 年中国城市规划年会论文集.

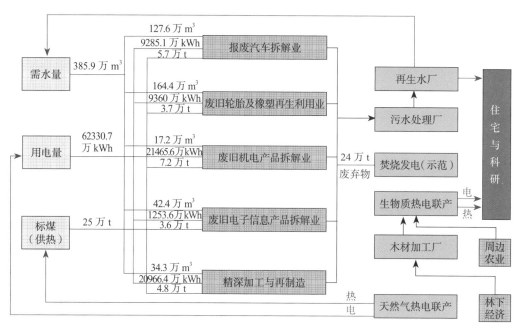

图 5-3　天津子牙循环经济产业区规划的能源资源流分析图（2020 年）

资料来源：叶祖达，田野，王静懿．工业代谢方法在生态产业园规划中应用 [C].2009 年中国城市规划年会论文集．

2）投入产出分析

除了通过绘制物质流分析图反映各产业的物质流动方向及相互之间的关系外，还可以通过编制投入产出表的方法，建立各产业之间物质投入和产品产出之间的数量关系，反映改变一种要素的投入量对研究系统内其他要素的影响。表 5-3 显示了循环经济系统投入产出分析矩阵的基本结构。表 5-4 是日本的 Nakamura[121] 提出的废弃物投入产出表（Waste Input-Output，WIO）模型，Nakamura 在这一模型框架下编制了日本 1995 年和 2000 年废弃物投入产出表。这两张 WIO 表包括了 80 个产品部门，10 种废弃物处理方法，40 种工业和生活废弃物。

循环经济系统投入产出分析矩阵　　　　　　　　　　　　　　　表 5-3

	H_1	H_2	$\cdots$	H_n	z_{10}	z_{20}	$\cdots$	z_{n0}
H_1	f_{11}	f_{12}	$\cdots$	F_{1n}	z_{10}	0	$\cdots$	0
H_2	f_{21}	f_{22}	$\cdots$	F_{2n}	0	z_{20}	$\cdots$	0
$\vdots$	$\vdots$	$\vdots$	$\vdots$	$\vdots$	$\vdots$	$\vdots$	$\vdots$	$\vdots$
H_n	f_{n1}	f_{n2}	$\cdots$	f_{nn}	0	0	$\cdots$	z_{n0}
y_{01}	y_{01}	0	$\cdots$	0				
y_{02}	0	y_{02}	$\cdots$	0			0	
$\vdots$	$\vdots$	$\vdots$	$\vdots$	$\vdots$				
y_{0n}	0	0	$\cdots$	y_{0n}				

注：f_{ij} 表示由过程 H_i 流向 H_j 的流；y_{0j} 表示由系统外流向 H_j 的流；z_{i0} 表示由 H_i 流出系统的流，指废物的排放或最终产品。

资料来源：马红霞．物质流分析与动态关系模型研究 [D]．东南大学 2006 年硕士论文．

日本废弃物投入产出表（WIO）结构　　　　　表 5-4

←－－－－ 循环利用			1	2	3	4	5	6	7	8	产出
← 废弃物			产品	零部件	物质	能源	原料	破碎	焚烧	填埋	
商品	1	产品									
	2	零部件									
	3	物质									
	4	能源									
	5	原料									
废弃物	A	废弃容器									
	B	电子废弃物									
	C	废金属									
	D	污泥									
	E	炉渣									
	F	飞灰									
		土地容量 CO_2									

资料来源：卢伟 . 废弃物循环利用系统物质代谢分析模型及其应用 [D]. 清华大学 2011 年博士论文 .

投入产出分析虽然能比较全面动态地展现循环经济系统的物质流动，但也存在数据收集困难等缺点，因此目前主要用于国家或大区域层面分析。

（二）低碳生态导向的工业布局调整方法

1. "效益—能耗—污染"综合模型（图 5-4）

首先，从"效益—能耗—污染"三维度对研究对象的整体产业类型和内部各空间单元的产业类型进行评价，遴选出具备较高竞争力且环境效益较好的产业类型，可以用到的评估方法包含波士顿矩阵分析、区位熵分析、产业生态效益评价等。随之，从"效益—能耗—污染"三维度对研究对象内部的各空间单元进行评估，从低碳高效的角度对产业空间单元的发展可能性提出预判，可以用到的评估方法包含用地效益评价、环境容量评价等。最终叠合用地适宜性评价，外部战略要求等因素，得出工业布局的调整思路。"效益—能耗—污染"综合模型适用于较成熟，开始进入存量发展阶段的市县域及工业区等中宏观层面的工业布局调整，对于发展初期的地区则不适用。因为发展初期的地区主导产业可塑性非常强，一些随机性较强的重大项目实际投产后，可能极大改变当前产业发展格局，此时应围绕重大企业进行循环产业链布局，以促进符合低碳生态导向的总体工业格局形成。

1）波士顿矩阵计算方法

波士顿矩阵的原理是从产业的市场占有率和增长率两个角度判别产业在小范围内的竞争优势。在坐标图上，以纵轴表示产业增长率，横轴表示产业份额占有率，将坐标图划分为 4 个象限，依次为"小孩（？）"、"明星（★）"、"金牛（￥）"、"瘦狗（×）"（图 5-5）。

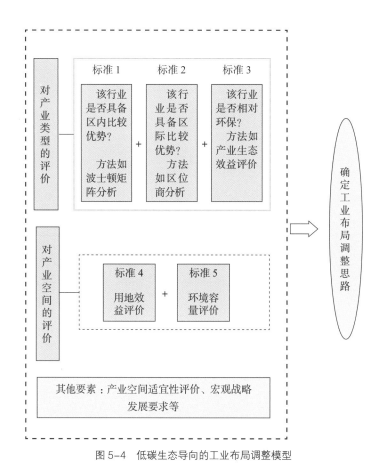

图 5-4 低碳生态导向的工业布局调整模型

其目的在于通过产业所处不同象限的划分，使政府采取不同决策，以保证其淘汰无发展前景的产业，保持"小孩"、"明星"、"金牛"产业的合理组合，实现产业资源分配结构的良性循环。对 4 种类型产业类别说明如下：

明星型产业——高增长、高份额（一般情况下应作为重点产业培养）；

金牛型产业——低增长、高份额（发展基础较好）；

小孩型产业——高增长、低份额（有较好发展势头，可择其善者而培育成为潜导产业）；

瘦狗类产业——低增长、低份额（不鼓励发展）。

产业的市场占有份额（M_i）的计算方法如下：

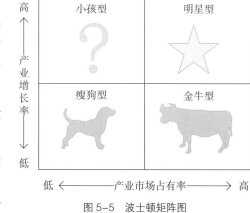

图 5-5 波士顿矩阵图

$$M_i = \frac{y_i}{\sum\limits_{j=1}^{n} y_{ij}} \tag{5-10}$$

式中 y_i 为园区内 i 产业当年的工业总产值 / 工业增加值 / 工业销售收入（按所获取资料
灵活决定）；

$\sum\limits_{j=1}^{n} y_{ij}$ 为园区内各类产业的工业总产值 / 工业增加值 / 工业销售收入之和。

依据 M_i 判定的象限原点 M_0 可按各类行业占该园区产业份额的平均值计算。

产业的年均增长率（V_i）的计算方法如下：

$$V_i = n\sqrt{\frac{y_i}{y_i^{'}}} - 1 \qquad (5\text{-}11)$$

式中 $y_i^{'}$ 为园区内 i 产业 n 年前的工业总产值 / 工业增加值 / 工业销售收入（按所获取资
料灵活决定）。由于需要体现产业增长的中长期客观趋势，n 应以 > 5 为宜。依据 V_i
判定的象限原点 V_0 可按该园区各类行业的年均增长率计算。

按照上述两个公式的计算，确定矩阵原点（M_0，V_0），可以制出该园区的产业评价波
士顿矩阵。

2）区位熵分析计算方法

类似企业集聚在一起既能产生规模效应，又能发挥专业化分工的优势。此外，众多相
似企业集聚布局产生类似的废弃物，便于集中治理的同时也有利于该类废弃物的资源化再
利用企业在周边区域布局，从而达到交通减碳的目的（企业的原料供给有一定的门槛值，
如果企业的废弃物较少，并且没有聚集分布，在市场经济条件下，基本不可能吸引相关的
废弃物利用"分解者企业"在周边布局）。

促进产业集聚，可在产业的大类 / 中类 / 小类层面进行定量分析引导。依据当前统计年
鉴的公开信息，做园区规划时，一般可以获取产业大类统计资料，统计细致的地方，有可
能获取中类或小类的产业统计资料。区位熵法是极为便捷简易的计算产业集聚程度的方法。
区位熵又称专门化率，建立在区域比较优势理论基础上，可衡量某一区域要素的空间分布
情况，反映某一产业部门的专业化程度，以及某一区域在高层次区域的地位和作用等方面。

一般来说，如果区位熵 >1，则表示该产业在该地区专业化程度较高，具备一定比较
优势（一般只有区位熵大于 1 的部门才能构成该地区的基础部门，对当地经济发展起主导
作用）。如果区位熵 <1，则表示该产业在该地区专业化程度较低，存在比较劣势。

需要注意的是，在工业园区的产业选择中，选择的高层次区域可以是工业园区所在的
县市单元，也可以是包含工业园区在内，按照数据资料可获取情况及希望对比情况所自行
划定的区域；此外，由于是小区域范围内的区位熵分析，区位熵 >1 往往不一定能充分说
明产业的区域聚集态势，可以将阈值提高到 >1.5 或 >2。

区位熵（L_i）的计算方法如下：

$$L_i = \left(\frac{y_i}{\sum\limits_{j=1}^{n} y_{ij}}\right) \bigg/ \left(\frac{Y_i}{\sum\limits_{j=1}^{n} Y_{ij}}\right) \qquad (5\text{-}12)$$

式中 Y_i 为高层次区域内 i 产业当年的工业总产值 / 工业增加值 / 工业销售收入（按所获
取资料灵活决定）；

$\sum\limits_{j=1}^{n} Y_{ij}$ 为高层次区域内各类产业的工业总产值 / 工业增加值 / 工业销售收入之和。

3）生态效益评价分析法

生态效益分析反映的是某行业在生产过程中的能源消耗以及产生的"三废"污染情况。运用"单位能耗产值"和"单位三废排放值"两个生态效益指标[122]，对工业园区进行生态效益分析，客观反映出产业对资源环境的依赖和破坏程度，作为主导产业选择的重要依据。

受不同行业的先天条件限制，这两项指标的比较不应仅在同一园区的不同行业及均值间比较，还应与工业园所在县市的同行业平均水平或该行业的国内 / 国际先进水平进行比较。

计算方法如下：

单位产值能耗（H_i）：

$$H_i = \frac{e_i}{y_i}$$

（5-13）

式中　e_i 为 i 行业的能源消费总量，以万 t 标煤为单位。

单位产值三废排放量　（G_{ij}）：

$$G_{ij} = \frac{w_{ij}}{y_i}$$

（5-14）

式中　w_{ij} 为 i 行业排出的 j 废物总量，一般分为废水排放、废气排放、工业固体废弃物排放等三项。

4）用地效益评价

由于计算用地的口径不一致，工业用地的效益评价往往差距较大，为了寻求数据的相对可比性，同时便于规划人员实际操作，建议以工业用地的地均工业增加值作为工业用地效益的测算指标。

计算方法如下：

工业用地的地均工业增加值（A_i）：

$$A_i = \frac{Y_i}{S_i}$$

（5-15）

式中　Y_i 为 i 地的工业增加值；

　　　S_i 为 i 地的工业用地面积，可根据用地现状图自行量算。

衡量用地效益的高低可以采用综合比较的方法确定，列举工业用地地均效益的部分参考值如表 5-5 所示：

工业用地地均效益参考值（2011 年）　　　　　　　　　　　表 5-5

	工业用地的地均工业增加值（亿元 /km²）
江苏省苏南地区县级市平均水平	10
苏州工业园区中新合作区 （70km² 范围内，代表国内省级以上开发区的较高水平）	28.3
台湾新竹科技园	64.4
新加坡	63.5

注：台湾新竹科技园的数据为 2010 年。

5）环境容量评价

环境容量差值即为大气环境和水环境的现状与理想容量的差距。环境容量差值 < 0 表示该地区环境容量仍有余地；> 0 则表示环境容量已经超标，需要对该地区排放相应污染物较多的产业类型进行优化。

水环境容量差值一般以计算 COD 为表征。水环境现状情况可通过当地主要污染企业 COD 排放数据及污染源普查报告获取。水环境理想容量的计算方法如式 5-16 所示。

水环境容量（W）：

$$W = kVC_s \qquad\qquad (5\text{-}16)$$

式中　k 为自净系数；

　　　V 为水体体积；

　　　C_s 为水质标准（向量），$C_s \geq C$（河流断面浓度）。

大气环境容量差值可选择 SO_2 和 NO_x 等为表征。大气污染排放现状可由工业污染源排放、生活污染源排放、机动车尾气排放三部分叠加计算。大气环境容量可通过 A-P 值法计算。A-P 值法为国家标准《制定大气污染物排放标准的技术方法》（GB/T 3840—91）提出的总量控制区排放量限值计算模型。根据计算出的排放量限值及大气环境质量现状本底情况，确定出该区域可容许的排放量。常用计算方法如式 5-17 所示。

总量控制区大气污染物排放量的限值（Q_{ak}）：

$$Q_{ak} = \sum_{}^{n} Q_{aki} = AC_{ki}\frac{S_i}{\sqrt{\sum_{i=1}^{n} S_i}} \qquad\qquad (5\text{-}17)$$

式中　Q_{ak} 为总量控制区某种污染物年允许排放量限值（万 t）；

　　　Q_{aki} 为第 i 功能区某种污染物年允许排放量限值（万 t）；

　　　n 为功能区总数；

　　　i 为总量控制区内各功能分区的编号；

　　　S_i 为第 i 功能区面积（km^2）；

　　　C_{ki} 为《环境空气质量标准》（GB 3095—2012）等国家和地方有关大气环境质量标准所规定的与第 i 功能区类别相应的年日平均浓度限值（mg/m^3）；

　　　A 为地理区域性总量控制系数（万 t/y/km^2）。

2. 案例：基于"效益—能耗—污染"综合模型的江阴市工业用地布局调整

1）基于"效益—能耗—污染"综合分析的工业布局调整模型构建

对江阴市这类已经具备相当发展基础的城市进行工业布局的调整需综合考虑其产业发展的基础、集聚发展的可行性、环境的可承载能力等因素。同时，综合考虑可操作性和城市总体规划层面研究的详略程度，本研究以镇（街道 / 区）作为最小评价单元。

在考虑以上要素的基础上，对江阴市工业布局进行优化调整，可以转换为以下两个子问题：第一，各评价单元（镇 / 街道 / 区）的主导产业选择问题，需要指出的是，各评价单元的主导产业选择需在市域主导产业选择的大方向指导下进行；第二，各评价单元（镇 / 街道 / 区）的工业空间拓展可能性分析。据此，构建江阴市工业布局调整模型如图 5-6 所示。

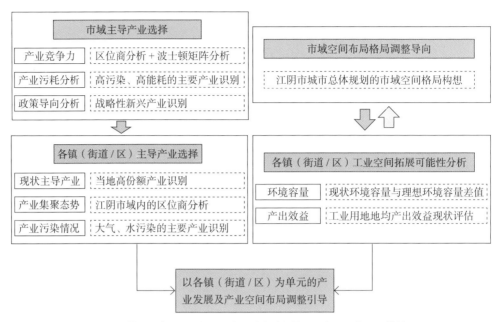

图 5-6　基于"效益—能耗—污染"综合分析的江阴市工业布局调整模型

2）分析过程

（1）主导产业选择

市域主导产业选择是在波士顿矩阵—区位熵分析综合结果基础上，综合考虑各行业能耗及污染情况，及国家诸项战略性新兴产业规划最终确定（图 5-7）。

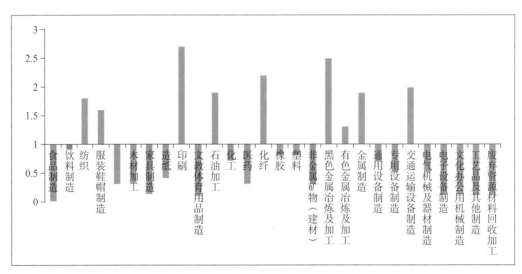

图 5-7　江阴市工业行业区位熵评价（2010 年，江阴 / 苏锡常）

数据来源：《江阴市统计年鉴 2011》、《苏州市统计年鉴 2011》、《无锡市统计年鉴 2011》、《常州市统计年鉴 2011》

各镇当前主导产业按照其目前占比 >10% 的行业确定（图 5-8）。根据统计结果，各镇（街道 / 区）占比 >10% 的行业为 1 ~ 5 个，累加值占各镇（街道 / 区）工业总产值的

45% ～ 97%（均值为 69%），基本能够代表各镇（街道 / 区）当前的产业特色（表 5-6）。
各镇（街道 / 区）具有的产业集聚优势通过其在江阴市域的区位熵进行判断。由于江阴市
域范围较小，结合区位熵分析结果，将阈值设为 2。

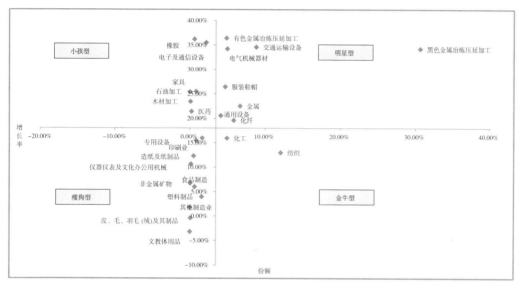

图 5-8　江阴市各工业行业波士顿矩阵分析结果（2010 年）

注：均值选取说明——份额 3.43%（按各类产业占比平均值计算）；18.29%（按 2000 ～ 2010 年的年均增长率测算）。
　　特殊值说明——专用设备制造业份额为 1.64%，年均增长率为 15.95%，鉴于与其相关产业均为明星行业，同时其增
　　长率与份额并非过低，所以不简单判断为瘦狗类型产业。

江阴各镇（街道 / 区）当前主导产业及具有集聚优势的产业（2010 年）　　表 5-6

主体名称	当前主导产业	具有集聚优势的产业
澄江	交通运输设备制造业、化工	橡胶、化工、交通运输设备制造业、非金属矿物制品业（建材）
利港	电气机械与器材制造业、专用设备制造业	电气机械与器材制造业、专用设备制造业
新桥	纺织业、服装鞋帽制造业	纺织业、服装鞋帽制造业
…	…	…
徐霞客	冶金（黑色）、化学纤维制品业	化学纤维制品业、专用设备制造业、塑料、电子设备制造业

数据来源：根据江阴市统计局提供的原始数据分析整理而成。

分别以 SO_2 和 COD 排放为表征判断对各镇（街道 / 区）造成大气及水污染的主要行业。
对各镇（街道 / 区）造成大气污染比较严重的产业通过以下两方面进行判断。其一，规模。
根据江阴市 SO_2 排放统计数据，1000 万 t 是市各镇（街道 / 区）产业 SO_2 排污情况较为明
显的分水岭。其二，效率。筛选出亿元工业总产值 SO_2 排放量超过全市平均水平的行业，
将其作为未来减排的主要目标。对各镇（街道 / 区）造成水污染比较严重的产业也通过类
似两方面进行判断。其一，规模。参考江阴市 COD 排放数据，不存在与 SO_2 排放类似的

明显分水岭数值，因此通过测算某行业排放量占该镇（街道/区）的比例和该行业排放总量比例综合确定。其二，效率。筛选出亿元工业总产值 COD 排放量超过全市平均水平的行业，将其作为未来减排的主要目标（表5-7）。

江阴各镇（街道/区）产业污染程度评价（2010年）   表 5-7

主体名称	大气污染		水污染	
	主要污染产业	亿元工业总产值 SO₂ 排放量超过全市平均水平的行业	主要污染产业	亿元工业总产值 COD 排放量超过全市平均水平的行业
澄江	冶金（黑色）、纺织、电力热力的生产与供应	冶金（黑色）、纺织、通用设备制造业、金属制品业、	冶金（黑色）、纺织业、造纸及纸制品业	冶金（黑色）、金属制品业
利港	电力热力的生产与供应	化工	——	——
新桥	电力热力的生产与供应	——	——	——
…	…	…	…	…
徐霞客	——	——	纺织、化工	纺织服装、化工、建材、金属制品

数据来源：根据江阴市环保局提供的江阴市污染企业数据库分析整理而成。

综合以上分析，得出江阴市域主导产业选择及主要发展产业门类的主要空间承载地如表 5-8 所示。

江阴市产业选择的基本结论   表 5-8

类型	产业类别	主要空间承载地
主导产业	装备制造业（风电装备制造、工程机械装备制造、车船装备制造）	大型、重型：申港、利港；轻型、小型（零配件）：高新区、云亭、月城、青阳、徐霞客、祝塘
	金属新材料产业	高新区、华士、夏港、月城、青阳
	石化新材料产业	璜土
	纺织服装产业	新桥、顾山、长泾、祝塘
潜导产业（战略性新兴产业）	光伏产业	申港
	电子信息产业	高新区、徐霞客
	生物医药产业	高新区
不鼓励发展的制造业类别	食品制造业、皮革、毛皮、羽毛（绒）及其制品业、造纸及纸制品业、木材制造业、家具制造业、印刷业和记录媒介的复制、文教体育用品制造业、仪器仪表及文化、办公用机械制造业、工艺品及其他制造业	——

（2）工业空间拓展可能性分析

以用地效益现状及环境容量差值作为两个评价要素将 17 个发展主体分类，对各个主体提出针对性改进措施，分类标准如表 5-9 所示。

江阴市工业空间拓展可能性类型划分　表 5-9

类型	判别标准	应对措施
重点发展型	环境容量高，用地效益高	鼓励拓展工业用地
适度拓展型	环境容量高，用地效益一般	可拓展工业用地，同时需注意用地效益提升
盘活存量型	环境容量高，用地效益差	先盘活自身存量，不予增加工业用地
转型发展型	环境容量低，用地效益高	通过本地产业高端化转型和低端产业链环节对外转移，降低污染。在此基础上可以适度增加工业用地（环境容量超标过多的情况亦不应增加工业用地）
整合提升型	环境容量低，用地效益中等	盘活自身用地，提升用地效益，削减作为主要污染源的产业类别
功能置换型	环境容量低，用地效益差	调整发展思路

以江阴市域工业用地地均增加值 9.6 亿元 /km² 上下浮动 20% 作为临界点即 [11.5，7.7]。大于 11.5 亿元 /km² 表示现状用地效益高，在环境容量允许的情况下可拓展工业用地。大于等于 7.7 亿元 /km² 且小于等于 11.5 亿元 /km² 则表示现状用地效益适中，在环境容量允许的情况下可适当拓展工业用地，并需注意提升工业用地效益。小于 7.7 亿元 / km² 则表示用地效益低，原则上不予扩展工业用地，首先需盘活当前存量。

分别以 SO₂ 和 COD 作为表征判断江阴市各镇（街道 / 区）大气环境和水环境的现状与理想容量的差距（图 5-9）。环境容量差值 <0 则该镇环境容量仍有余地；>0 则表示环境容量已经超标。由于与工业是 SO₂ 排放的主要来源不同，工业在 COD 排放中仅占 54%。因此，研究以 SO₂ 排放差值为基础判断某镇（街道 / 区）工业是否需要调整。原则上在环境容量仍有余地的镇（街道 / 工业园区）拓展用地。对于 COD 排放超标的镇（街道 / 区），建议通过产业转型和污水处理厂的调整布局进行处理。

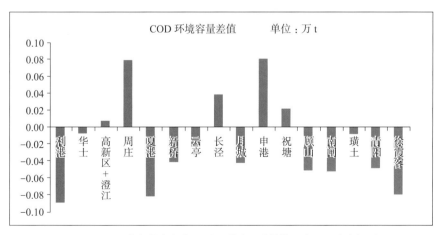

图 5-9　江阴市各镇（街道 / 区）环境容量差值情况（2010 年）（一）

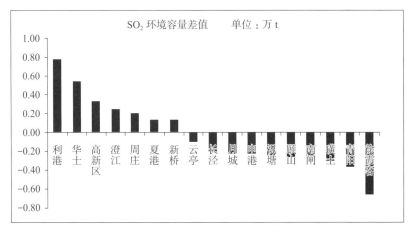

图5-9　江阴市各镇（街道/区）环境容量差值情况（2010年）（二）

　　根据上述分析，将各镇（街道/区）划分为转型发展型、整合提升型、适度拓展型、盘活存量型、功能置换型5类；不存在主体符合重点发展型的设定条件——此亦体现工业发展与环境优良并存的难度。需要指出的是，利港的大气环境容量超标较为严重，这主要由利港电厂引起。相当一段时间内，利港电厂为江阴乃至周边区域提供电力支撑的状况不会改变，污染情况依然不容乐观。因此，建议弱化利港居住功能，在提高效益的基础上合理拓展工业用地。

　　（3）江阴市产业布局调整结论

　　在产业选择及工业空间拓展可能性的分析结果基础上，结合总体规划的用地方案和区域格局分析，对评价结果进行修正。江阴北部临港，工业发展条件较好；南部六镇（包含青阳、月城、徐霞客、祝塘、顾山、长泾）生态基础较好，从锡澄张靖虞的区域格局角度看，应予以保留一定生态空间，因此，原则上不在南部六镇大规模扩张工业用地。最终，提出"拓展西部、整合东部、开敞南部"的工业空间调整方案，并提出各发展主体的产业发展引导及工业用地调整建议如表5-10，图5-10所示。

江阴各镇（街道/区）的分类结果及主要应对措施（2010年）　　　　　　表5-10

类别	主体名称	建议发展的主导产业类别	工业用地调整建议
转型发展型	新桥	高端纺织服装	产业向高端发展，低端产业链环节对外转移以降低污染，在此基础上可适度增加工业用地（由于新桥自身用地空间极为有限，可考虑以管理输出或飞地模式带动周边镇的发展）
	…	…	…
整合提升型	周庄	化纤产业	盘活自身用地，提升用地效益，削减作为主要污染源的产业类别
适度拓展型	青阳	小型机械装备产业（含机械零配件）	在提高用地效益的基础上，可适度拓展工业用地
	…	…	…

续表

类别	主体名称	建议发展的主导产业类别	工业用地调整建议
盘活存量型	南闸	交通运输设备制造业、电气机械与器材制造业（近期保留，远期完成退二进三）	盘活存量用地，不予增加工业用地，并考虑进行适度削减
	…	…	…
功能置换型	利港	机械装备产业	弱化利港的居住功能，在提高效益的基础上拓展工业用地

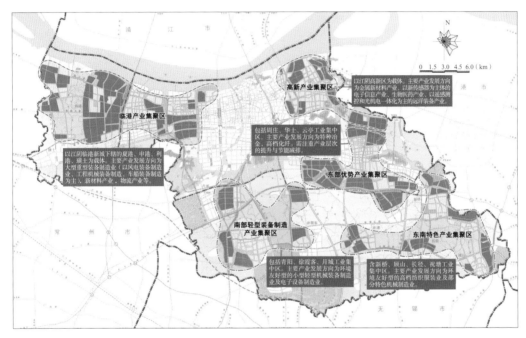

图 5-10　江阴市工业布局规划示意图

（三）循环经济导向的园区布局模式

1.三种模式

1）实体型布局模式

所谓实体型布局模式，是指在明确的工业园区边界内或一定的可达空间范围内，通过物流或能流传递等方式把不同工厂或企业连接起来，形成共享资源、传递或互换副产品的产业共生组合，使一家工厂的原料或能源全部或部分来源于另一家工厂的废弃物或副产品，模拟自然系统，在既定边界的产业系统中建立"生产者—消费者—分解者"的循环途径，寻求物质闭合循环、能量多级利用和废物产生最小化。

按照组成企业的类型差异，实体型生态工业系统可分为联合式、核心式、独立式。联合式是指由若干地位相对平等的核心企业有机组成的生态工业系统；核心式是指以一个核心企业起主导作用，吸引其他合作的共生企业而形成的生态工业系统；独立式是指在一个企业内部进行的废弃物循环。生态工业园的布局方式一般可分为组团式和带式。组团式布局的优点是便于实现分期建设、滚动开发；公共设施共享，节约建设多套服务设施的投入费用；便于各组团内部的副产品交换和废物循环。缺点在于园区的发展受公共服务中心辐射范围的限制，只适用于中等规模或小规模的生态工业园区（图5-11）。带式布局则具有良好的发展方向性，当公共服务设施或绿化带位于产业带中部平行布局时，可增大服务接触面积。带式布局在产业带之间的垂直联系方便，利于产业带之间的副产品和废弃物交换；但当产业带发展过长则容易导致带内企业之间的距离过长，不利于直接交换副产品和废弃物（如石化类企业通过管道交换副产品和废弃物）（图5-12）。此外，居住用地与产业带平行布置将导致接触面

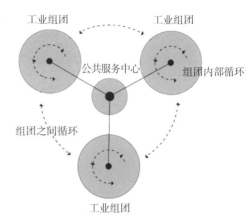

图5-11　组团式布局

注：根据胡上春.生态工业园区空间布局模式研究[D].
重庆大学2007年硕士论文中部分插图绘制.

增大，当工业企业污染较大时，位于接触面上的居住用地容易受到影响。实际应用中，生态工业园区的布局往往需因地制宜综合采纳组团式与带状布局的不同优点。

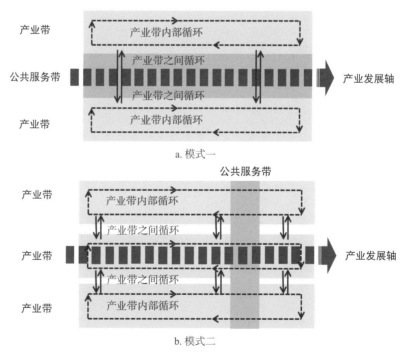

图5-12　带式布局

注：根据胡上春.生态工业园区空间布局模式研究[D].重庆大学2007年硕士论文中部分插图绘制.

2）虚拟型布局模式

所谓虚拟生态工业园（Virtual Eco-industrial Park），是指生态工业园区的企业不一定

聚集在相邻的地理范围内，也可以是分散在一定区域内，只要它们是按照工业生态学的原理进行组织和运转，仍可组成一个"事实上的"生态工业园。虚拟生态工业园借助于计算机模型和数据库，在计算机上建立其成员间的物料或者能量的联系，为入园企业提供信息和指导[123]。这种模式还可以省去一般建园所需要的昂贵的购地费用，避免进行工厂的迁址，具有很大的灵活性，如果相关的企业位于同一地区，距离较近，还可以降低运输成本。

3）"实体＋虚拟型"布局模式

所谓"实体＋虚拟型"布局模式，即在一个或若干个已经存在的或规划的"核心"园区周围构建生态工业网络，整个网络的"核心"为实体型园区，根据特定范围内的资源流动筛选出作为补充的远程（虚拟型）的卫星企业，使核心企业为卫星企业提供明显效益的废物资源，而这些卫星企业可以利用这些产品生产。实体＋虚拟型生态工业园是实体型生态工业园的一种补充形式，可以在一定程度上补充实体型生态工业园应对市场变化弹性、柔性较差的弱点。

2. 五类关系

考虑空间布局模式选择时需注意企业的循环关系、空间关系、产业关系、交通关系、主体关系这五类要素。

1）循环关系

循环关系可分为同一企业的自身循环、不同企业间的直接循环、不同企业间的整合循环3种类型。企业的自身循环是企业的内部行为：出于经济成本的考虑，在流程合理的情况下，很多企业都会主动利用生产过程的副产品和废弃物，由于现代大企业的集团化发展趋势，企业的自身循环又可分为单个企业的自身循环，同一企业集团下若干子企业间的循环，单个企业的自身循环明显属于实体型布局。同一企业集团下若干子企业间的循环也易形成实体型布局，如依托山东鲁北企业集团总公司形成的鲁北生态工业园就是国家首批循环经济试点单位，国家第一家生态工业建设示范园区。当然企业集团下属的子企业也会遍布各地，由于同属一大企业集团，也较易形成以实体为主导的实体—虚拟型循环经济布局模式。企业间的直接循环是指一家企业的废弃物和副产品通过自身处理后直接供给另一家或几家企业。企业间的整合循环是若干企业的废弃物运送至专门的废弃物处理机构处理后，直接转换为产品销售或作为原料再提供给相应企业。企业间直接循环和整合循环均是企业的外部行为，在无政府干预的市场经济环境下，企业一般以卖价的效益决定废弃物流向何方，不会过于介意废弃物的处理就近与否。

2）空间关系

从空间关系看，德国卡尔斯鲁厄大学（Karlsruher Institut für Technologie）的 Otto Rentz 教授针对北美与欧洲的生态工业园区为例，将园区空间关系尺度分成了6级（0～1km，1～5km，5～10km，10～50km，50～100km，>100km）[124]。国内有学者提出为降低运输成本，实体—虚拟型园区的远程卫星企业与实体园区中心点距离一般应不超过50km[125]。目前国外最具代表性的卡伦堡生态工业园中的核心企业之间的最远距离仅为3.4km。统计第一批国家循环经济试点园区名单的园区面积基本集中在 15～40km²。基于上述，笔者认为应促进15km以内的、特别是5km以内的企业采取实体型模式进行联系，距离 50km 以外的企业应鼓励采取虚拟型的方式进行联系。区分循环经济布局的实体型、虚拟型布局应基于空间距离，但不应过于拘泥于具体的空间距离值，不同的企业会根据时空成本和运输成本综合确定自身与其他企业发生循环联系的合理空间经济距离。

3）产业关系

适合不同产业的生态工业园空间模式大不相同。以几类常见的污染能耗较大的产业为例：处于化工制造业产业链上游环节的石化产业企业规模通常较大，副产品、废弃物容易达到规模易循环，对安全、环境要求高，通常呈现基地化／园区化的状态，适宜实体型循环经济布局模式，易形成实体型生态工业园；处于化工制造业产业链中游环节的基础化工和下游的精细化工企业规模参差，产生的副产品、废弃物种类繁多，适宜实体—虚拟型循环经济布局模式。与化工业可以延展很长的产业链，产生千差万别的各类废弃物，并借此促进废弃物的循环不同的是，冶金类企业的废弃物主要有废钢（可自身或同类企业再利用）、高炉渣（可供混凝土企业使用、筑路用、农业肥料用等）、煤渣煤矸石（可供筑路制砖用）、粉尘粉煤灰（可自用或供铺路、水泥添加剂用等），相对较为单一，多以企业内部循环利用[1]或就近利用，可在促进冶金类企业集中布局便于废弃物集中处理的基础上，考虑冶金—建材—机械制造等行业企业的联合布局，适宜形成实体型生态工业园，或者以实体为主导的实体—虚拟生态工业园。纺织类企业基本处于产业链末端、完全市场竞争环境、配套产品运输便捷且运输成本相对较低[2]，较难形成生态工业园或只适宜形成以虚拟为主导的实体—虚拟生态工业园。热电行业的主要废弃物有粉煤渣、粉煤灰（常作为水泥厂、搅拌站添加剂），SO_2（可形成优质石膏就近供给石膏厂、水泥厂、制砖厂），余热（供应周边企业），可围绕大型热电厂，形成以一家或几家核心企业组成的实体型工业共生系统。此外，还存在专门的静脉产业类生态工业园区，以从事各种废旧资源利用的静脉产业生产的企业为主体建设的生态工业园区，一般以实体型布局模式存在（表 5-11）。

适宜不同产业的生态工业园构建模式 表 5-11

产业		生态工业园模式
化工业	上游环节（石化）	实体型
	中游环节（基础化工）和下游环节（精细化工）	实体—虚拟型
冶金业		实体型，或以实体为主导的实体—虚拟型
纺织业		以虚拟为主导的实体—虚拟型
热电业		实体型

---

[1] 从第一批国家循环经济试点单位的冶金类企业及专业产业园区（张家港扬子江冶金工业园）看，基本以技术创新、实践企业层面的循环经济为主。

[2] 企业是否考虑产业链构建的根本动因是利润，受到产业转移风潮的影响（污染大的如印染环节和污染较小的服装制造环节往往不在同一个地区）和在完全市场竞争环境影响，纺织企业本地配套的概率不高。项目组调研江阴市长泾镇的支柱企业康源集团（毛纺），上游的纺纱、织布等环节企业来自河南河北，配布企业来自巴基斯坦（概因加上运费比国内便宜 1 元 /m）。而本公司产品则外销孟加拉、印度等国。通过纺织产业链的长距离延展促进废弃物在上下游产业间的流动、及以此减少上下游企业间的交通碳量基本行不通。

4）交通关系

企业副产品和废弃物的适宜交通运输方式影响其适用的循环经济模式的选择。通过管网系统进行交互的副产品和废弃物循环经济模式的构建一般属于实体型布局：如废水、余热等能源的循环利用，某些石化企业副产品和废弃物的循环利用。通过公路、铁路、水运等其他交通方式运输的副产品和废弃物循环经济模式的构建则一般不受约束，可根据经济效益最大化原则任意选择实体型布局模式、实体—虚拟型布局模式、虚拟型布局模式。其中需要注意的是危险固体废弃物若在运输途中泄露容易产生二次污染，在相似企业较多、产生危险固体废弃物可达规模化利用量的基础上，应鼓励危险固体废弃物的就近循环使用，采用实体型布局模式。

5）主体关系

不同企业主体性质的差异是构建循环经济模式需考虑的因素。

按企业规模，企业经营主体可分为大型企业、中型企业、小型企业、微型企业[①]。大中型企业副产品和废弃物容易达到便于循环经济利用的规模门槛，可围绕合适的大中型企业构建实体型循环经济关系，或以实体为主导的实体—虚拟循环经济模式。单个小微企业产生的废弃物和副产品较小，大量的小企业"杂乱无章"集聚，对整个集聚点实施循环经济不但没有促进作用，反而容易增加协调组织成本。促进其循环经济行为的可行方式有二：一是促进相似类型的小微企业集聚布局，抱团产废并进行集中处理利用；二是借助网络，成为某虚拟型循环经济园区的一部分。以江阴利港电厂和双良热电厂为例，前者将废弃物SO_2通过和石灰石发生化学反应生产副产品石膏，年产量达到 20 万 t/年（2013 年），其出售石膏的收入已可抵消其购买石灰石的成本并带来不少利润，因此和附近的常州圣戈班石膏建材厂、江阴泰山石膏板厂（运输距离平均约 13km）建立了良好的工业关系；后者规模较小，副产品石膏约 3600 ~ 6000t/年，很难仅靠自身与石膏材料厂达成共生关系。

按所有制性质，企业经营主体主要可分为国有企业、集体企业、私营企业、港澳台及外商投资企业。本书课题组在苏南企业的调研过程中发现当地日资韩资企业的封闭性较强，一般仅与本国企业进行物质交流，当前较难参与到所在地的实体型循环经济模式构建中。

3. 案例

1）卡伦堡工业生态园：实体型布局模式

丹麦的卡伦堡共生体系是以热电厂为主体构建生态工业园区建设的一个典型实例（图5-13）。卡伦堡是一个仅有 2 万居民的工业小城市，位于哥本哈根以西大约 100km 的北海之滨。卡伦堡工业共生系统主要由 5 家企业构成（阿斯耐斯瓦尔盖发电厂、斯塔朵尔炼油厂、挪伏·挪尔迪斯克公司、吉普洛克石膏材料公司和市政府供热公司）。5 家企业和 2 万居民组成一个相互依赖的网络。发电厂将余热变成蒸汽提供给炼油厂和挪伏·挪尔迪斯克公司及卡伦堡居民，炼油厂将用过的冷却水提供给发电厂作预热锅炉用水，并将生产过程

---

① 企业规模分类标准按《关于印发中小企业划型标准规定的通知》【国统字〔2011〕75 号】确定。以工业为例：从业人员 1000 人以上且营业收入 40000 万元以上的为大型企业；从业人员 300 人及以上，且营业收入 2000 万元及以上的为中型企业；从业人员 20 人及以上，且营业收入 300 万元及以上的为小型企业；从业人员 20 人以下或营业收入 300 万元以下的为微型企业。

中生产的液化气提供给发电厂和石膏材料公司作为燃料，发电厂烟气脱硫生成的硫酸钙直接卖给石膏材料公司替代天然硫酸钙，而额外回收的余热输往养鱼厂，生物工程公司将副产品提供给当地农民作肥料，形成了相互联系、互为依存、物尽其用、合理循环工业生态的良性系统。据初步统计，卡伦堡生态工业园区的经济、环境优势显著：20年期间的总投资为6000万美元，而由此产生的效益估计为每年1000万美元，投资平均折旧时间短于5年。整个区域减少资源消耗，每年节水600万 m³、石油4.5万t，煤炭1.5万t；每年减排二氧化碳17.5万t，二氧化硫1.02万t；废物重新利用，每年13万t炉灰（用于筑路）、4500t硫（用于生产硫酸）、9万t石膏、1440t氮和600t磷[126]。

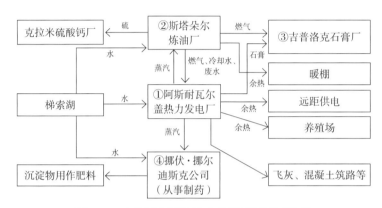

图 5-13　卡伦堡工业园区企业间循环经济构成模型

资料来源：根据"张金屯，李素清.应用生态学[M].北京：科学出版社，2003"中图改绘

从对卡伦堡工业共生体系中的核心企业空间区位关系可见，企业与企业之间基本相邻，存在最远循环关系的阿斯耐瓦尔盖热力发电厂和挪伏·挪尔迪斯克制药公司中心点直线距离也仅为3.4km（图5-14）。

2）上海化学工业园（SCIP）：实体型布局模式

始建于2001年的上海化学工业园位于杭州湾北岸，地处奉贤和金山两区交界地，规划总面积为29.4km²，是中国改革开放以来第一个以石油和精细化工为主的专业开发区。也是2005年10月国家环保局颁布的第一批国家循环经济试点单位中第三类"产业园区"10个试点中唯一的化工园区。SCIP在产业招商和布局时始终围绕以石油化工的产业链展开，按循环产业链延伸、加密、加细。上海化学工业园在循环经济建设方面主要有如下举措：

（1）物质集成

第一，以上游产业为龙头，构筑完整产业链。SCIP内，以炼油、乙烯为龙头，有选择地引进中下游企业，促进企业的集聚和完整产业链的形成。并借此使得相关共生产业共存，安排建设和生产六大系列产品：石油化工深加工和天然气化工系列产品、光气衍生系列产品、精细化工系列产品、高分子材料加工产品、综合性深加工产品和高科技生物医药产品。完整产业链的构建是副产品、废弃物互供、共享的生态链形成的基础。

第二，衍生副产品交换的生态链，相关企业相邻布局。在产业链构建的基础上，衍生了副产品、废弃物互供、共享的实体循环产业链，并以管道连接，促进关联企业相邻布局（图5-15）。

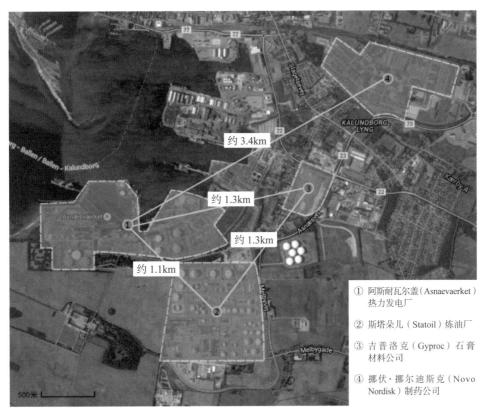

图 5-14 卡伦堡生态工业布局示意图

注：图中距离为按企业中心点测量的直线距离；企业边界为按照 google earth 影像图估测。

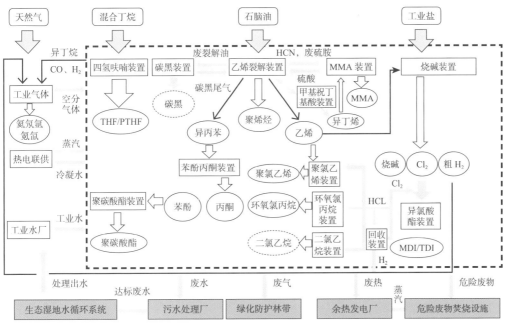

图 5-15 上海化学工业园的循环经济产业链

资料来源：《上海化工园区考察报告》. 安徽省重化工产业发展专家办公室，2011 年 7 月

当前，园区内产业关联程度超过 80%，举例如下，布局如图 5-16 所示：

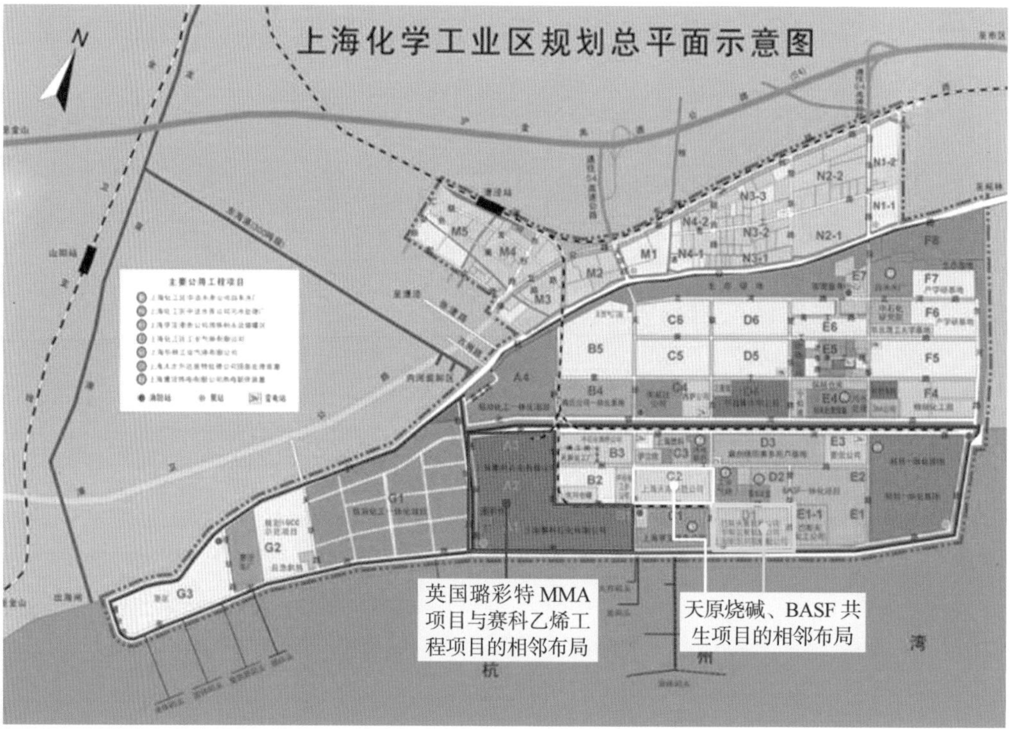

图 5-16　上海化学工业园中的部分企业共生关系

注：规划总平面图来自上海化学工业园官方网站；途中相邻布局的企业案例根据"郭素荣.生态工业园建设的物质与能量集成 [D]. 同济大学 2006 年博士论文"相关章节整理。

- 英国璐彩特 MMA（甲基丙烯酸甲酯）项目与赛科乙烯工程的相邻布局

赛科 90 万 t 乙烯工程中丙烯腈装置副产品的氢氰酸，经过管道输送给璐彩特，用作 MMA 项目（9 万 t/ 年）的主要原料。MMA 产品加工过程的废浓硫酸，又可供赛科的丙烯腈装置使用。两家企业比邻而居，直接通过管道输送副产品氢氰酸和废硫酸，仅剧毒的氢氰酸一项，赛科每年可以节省几百万元的处置费；而就近获得稳定的生产原料，也使得璐彩特运输成本下降，安全系数提升。

- 天原烧碱和 BASF 的相邻布局

天原公司（生产能力为烧碱 25 万 t/ 年，聚氯乙烯 30 万 t/ 年，氯乙烯 30 万 t/ 年）。天原公司烧碱装置中电解产生的氯气首先用于 BASF 的 MDI/TDI 生产，并将 MDI/TDI 装置的副产品盐酸回收送回天原公司聚氯乙烯装置，经氯化反应后，产出相同数量的聚氯乙烯。通过这个区内循环，"一份氯打了两份工"，实现了上下游原料、产品的互换互供，构建了生态链。

（2）支撑体系

上海化学工业园以公共辅助设施、物流传输体系、环境保护体系、管理服务体系的一体化建设为支撑，促进园区循环经济的实现（表 5-12）。

上海化学工业园的"循环经济"支撑体系工程   表 5-12

支撑体系的"一体化"工程	内容
公用辅助一体化	与国际著名公用配套企业合作，集中建设热电联供、工业气体、工业水厂、污水处理厂、工业废弃物焚烧炉和天然气管网等公用工程，节约了主体化工项目投资、能源消耗及占地面积
物流传输一体化	区内建有码头、保税仓库、公共管廊、铁路等设施，并配套连接园外的铁路、公路和原料管道，引进国内外专业物流企业，形成高效率的物流集散和交换系统
环境保护一体化	建设覆盖整个园区的安全监管网络，采用先进、安全的生产工艺和三废处理技术，建设区域隔离林带、人工湿地处理系统等，达到生产与生态的平衡，发展与环境的和谐
管理服务一体化	建立高效的公共服务平台，设立应急响应中心，集公共安全、防灾减灾、环境保护、卫生急救、市政抢险等功能为一体，为企业安全有序地生产创造良好环境

资料来源：《上海化工园区考察报告》.安徽省重化工产业发展专家办公室，2011 年 7 月

3）广东南海国家生态工业园：实体 + 虚拟型布局

广东南海国家生态工业示范园区于 2001 年 11 月经国家环保总局批准建立。该园区是我国第一个全新规划、实体与虚拟结合的生态工业示范园区，包括实体园区和虚拟园区两个部分。实体园区规划面积 35km²，初始分为环保科技产业区（核心区）、五金工业区、科教产业区、旅游度假区、综合服务区五大功能区，虚拟园区主要由与核心区有生态工业关系的企业构成，充分体现对实体园区的补充和提升作用。这 5 个功能区互为配套，核心工业区形成"小循环"，整体园区形成"中循环"，虚拟园区逐步建立"大循环"的循环经济发展模式（表 5-13）。

南海生态工业园各区简介   表 5-13

园内各区	简介
核心区	规划占地 6000 亩，截至 2010 年核心区共引进优质企业 117 家。逐渐形成了环保产业（包括从事节能减排的技术研发及生产应用，主要集中在塑料和精密机械行业）和汽车配件产业（主要为周边广州丰田、本田、日产三大汽车生产基地配套）为核心的低碳产业集群。在 2005 年版总体规划中归属于北部工业区
五金工业区	规划占地 3000 亩，以发展丹灶镇当地传统优势支柱产业五金业为主。涉及行业门类包含五金生产、机械制造、家电生产为主，拥有企业 2000 家，均为中小企业。在 2005 年版总体规划中归属于北部工业区
科教产业区	以发展国际教育交流、职业培训、远程教育等各层次教育为主体，发展教育科研、教育服务、教育管理为配套，为园区整体提供技术和人力资源支持。实际发展缓慢，在 2005 年版规划中改为城西工业区
旅游度假区	包括康有为故居、仙湖旅游度假区、南海大湿地公园和岭南水乡旅游度假区
综合服务区	是整个园区系统的后勤部门。包括园区的交通系统、能源系统、通信系统。由变电站、供水公司、污水处理厂、公交公司、电信公司等组成
虚拟区	由核心区通过循环经济技术应用、生态产业链拓展等联系园区周边企业所组成。虚拟区的成员企业主要包括：铝型建材厂、塑料厂、陶瓷厂、五金加工厂、电镀废液处理厂、计算机厂等

资料来源：根据"孙敏.基于中小企业循环经济发展的生态工业园探索与实践 [D].昆明理工大学 2011 年硕士论文"及南海生态工业园网站资料整理

在生态链的构建中，确定环保科研服务公司、环保仪器仪表厂、绿色板材加工厂和溴化锂生产厂为核心企业，规划连接五金工业区，辐射周边地区的生态产业链网络，共形成9条开放性的生态工业链，其中3条为闭合生态链。

①环保仪器厂与计算机厂生产制造的废旧金属回收加工，被仪器仪表厂使用。②降解塑料厂的废塑料与环保仪器厂产生的废旧聚苯乙烯塑料经活性炭厂、绿色胶粘厂使用后，还可供塑料厂、废水处理厂与板材加工厂使用。③合成纤维厂与降解塑料厂以废塑料为生产原料，实现其闭路循环使用。④绿色板材厂的木屑被活性炭厂、绿色胶粘厂和废水处理厂利用，绿色胶粘厂又为其提供胶合剂。⑤铝型材厂的铝渣与活性炭厂的废硫酸重新生产，制成硫酸铝型净水剂，被废水处理厂使用。⑥园区处理废水被环保仪器厂进行制造清洗使用后，又被陶瓷厂用作生产磨石用水。⑦溴化锂被用于园区新型空调的绿色制冷剂。⑧线路板厂为仪器仪表厂、计算机厂提供线路板，其废水进行回收多级利用。⑨园内不可再利用的废木材、废塑料等通过焚烧，进行集中供热，为塑料厂、板材厂、活性炭厂等提供能源供给（图 5-17 ~ 图 5-19）。

4）布朗斯维尔工业园：全虚拟型布局

建立虚拟生态工业园的典型案例如美国德克萨斯州的布朗斯维尔工业园（ Brownsville Eco-industrial park）[127]，因其拥有港口的便利优势，范围跨越了布朗斯维尔和邻近墨西哥的马塔莫罗斯市。区域内各个企业的情况先经过统计，研究小组利用开发的数据库管理这些数据，其中涉及它们之间的原料和副产品的数量、种类及使用成本，可以方便利用现有

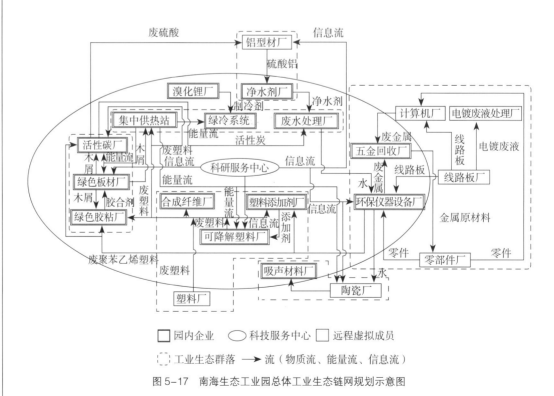

图 5-17　南海生态工业园总体工业生态链网规划示意图

资料来源：薛东风，罗宏，周哲．南海生态工业园区的生态规划 [J]. 环境工程学报，2003（3）：285-288.

图 5-18 南海生态工业园初始生态功能分区图

资料来源：胡上春. 生态工业园区空间布局模式研究 [D]. 重庆大学 2007 年硕士论文.

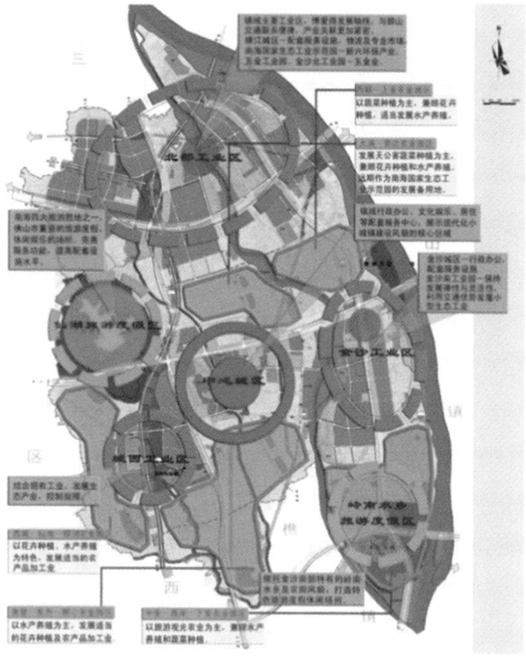

图 5-19 南海生态工业园暨丹灶镇 2005 年版总体规划空间发展策略图

资料来源：南海生态工业园官方网站 http://www.neips.cn/cn/environment_2.jsp.

资源，降低废物的产生，并在当地成员的基础上，不断引进周边新的企业充当补链的角色，这样无需重新建设就达到了向生态工业的转换升级（图 5-20、图 5-21）[128]。

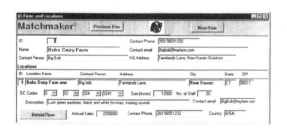

图 5-20 布朗斯维尔工业园企业数据库的企业界面

图 5-21 布朗斯维尔工业园企业数据库的物质流界面

资料来源：Jason Brown，Daniel Gross，Lance Wiggs. The MatchMaker! System：Creating Virtual Eco-Industrial Parks[J]. Yale School of Forestry & Environmental Studies，Bulletin Series 106：103-134.

三、研究述评

1. 存在问题

在市场经济的运行基础上，制造业集聚区实施循环经济的微观主体缺乏积极主动的参与行为，在不干预的情况下，企业很难自发形成产品综合利用网络，政策的作用对循环经济的影响巨大。需要采取针对性的政策措施，引导相关企业行为，奠定制造业集聚区发展循环经济的微观基础。

当前循环经济的规划理论和实践中存在以下两个主要问题：

首先，对如何构建有弹性、具备可实施性的循环经济产业布局关注度不足。循环产业链的不稳定性影响产业空间布局的不稳定性，国内规划实践领域对循环经济产业布局的不稳定性缺乏深度认知。规划对上下游产业链的构建以及静脉产业链的形成规划只能起到概念性建议作用，企业行为主要还是受市场需求的影响。相关企业的入驻有一定的门槛要求，量太小的副产品很难支撑起正常投产的废弃产品加工企业。一般而言，同一企业（集团）内部，空间距离为15km以内的企业，石化、冶金、热电等行业的大型企业，采用管道为废弃物运输途径的企业较易形成运行较为稳定的实体型循环经济模式。目前运营较为成功的丹麦卡伦堡工业园区，我国的上海化学工业园、山东鲁北生态工业园都基本符合上述大部分条件。同时，由于人为的设计往往存在资源利用的柔性较差、产供销等未知因素，实体型循环经济园区的规模不宜过大，且应以确定落实的企业为核心内容展开规划，以利于实际实施。如由于钢铁—石化—热电三大关键产业的核心项目实际进展尚未能按规划实施，作为国家首批循环经济试点园区的曹妃甸工业园循环经济的实际运作迄今仍主要停留在规划层面。

其次，对如何提出促进循环经济行为产生的产业用地控制要求研究不足。在控规层面促进循环经济行为产生的产业用地控制要求研究偏少。这个问题其实与构建有弹性且具备可实施性的循环经济产业布局一脉相连。需要看到的是，具体循环经济行为是基于产品层面，而非产业类别层面的分析。故在规划中可行的方案或许是在基于多个案例分析的基础上提出一般的控制原则。

2. 深化研究方向

基于上述研究，未来可进一步深化的研究方向包含以下三部分。

第一，构建适用于工业园区循环化改造的网络综合信息平台。国外经验和理论推导都指向虚拟化远程联系将在工业园区循环化改造中发挥重要的作用，需要成熟的网络综合信息平台构建发挥媒介作用。

第二，中观层面循环经济产业用地控制要求的规划实践及理论总结，需要在多个案例基础上提出一般的控制原则，从而促进有弹性的循环经济产业布局形成。

第三，余热梯级利用及水循环利用规划方法。设施支撑体系的构建与优化或许因为能发挥普适性效应从而能在园区层面的循环经济系统构建中起到更重要的作用，具体研究点可包括余热利用的空间经济半径、中水回用的空间经济半径等。

第六章　生态系统构建技术方法

　　自然生态子系统是城市生态系统的重要组成部分，其规模、构成和布局的合理性能够保障系统生态服务功能的有效发挥，是城市生态安全和区域生态平衡的基础。城市化过程中，大量的自然或近自然的生态用地被城市建设用地取代，生态系统环境功能严重丧失，也成为导致生态退化、城市热岛、空气污染、水污染等各类城市病的重要原因。随着生态文明理念在城市发展中不断得到切实重视，构建总量适宜、布局合理、功能完善的自然生态系统，成为现代城市规划的重要内容。以确定科学合理的生态系统规模和空间布局为目的的分析技术方法，可统称为生态系统构建技术方法。

一、国内外研究综述

（一）国外研究综述

　　西方国家工业化起步较早，相应也先遇到环境污染问题，早在 19 世纪初即认识到城市中自然生态系统的重要性。但彼时科学界尚无"生态系统"这一概念，"田园"、"自然"是对于城市中生态需求的最初理解。即便从 20 世纪 20 ～ 30 年代"生态系统"、"城市生态学"等概念和理论的提出至今已近百年的时间，生态系统的概念在强调"空间"的规划领域仍较少使用，与之相对应的概念是用地和空间角度的"生态用地"、"开敞空间"等。因此针对城市区域"生态系统"、"生态用地"和"开敞空间"等不同概念的研究，可认为是针对相同的研究对象。相关研究大体可划分为生态空间规模确定和空间布局两个方面。

　　在生态空间规模方面的研究相对较少，一个基本的原则是保证生态系统服务功能的供给不小于人类社会的需求。因此，如何科学评价各类生态系统的服务功能价值和需求成为生态空间总量控制研究的基础性内容。综合的生态系统服务价值方面，Costanza 的研究方法被广泛用于对区域的生态系统服务价值进行评估，与之相对应的生态服务功能需求则采用 William（1996）等人发展的生态足迹测算方法进行，通过生态系统的服务功能供给与生态足迹对比，确定生态空间的规模需求[129-130]。

　　在空间布局方面，景观生态学的发展为生态系统空间布局优化提供了重要的方法，美国景观生态学家 Forman 和 Godron 分别提出了最优景观格局和不可替代景观格局的理念。20 世纪 90 年代至今，景观生态学者们提出的数十项景观格局指数分析成为评价区域景观格局合理性和生态健康的重要方法，美国俄勒冈州立大学森林科学系的景观格局分析软件 Fragstats 有效地促进了景观格局指数的应用研究。

　　提高各类组成要素的连通度，对于不同生态系统之间的物质、能量和物种的流动以及整个体系的稳定具有极为重要的意义，因此，构建网络状的生态系统格局很早即成为生态保护领域的共识，美国的绿色基础设施网络构建是其中的代表性工作。1999 年 8 月，美国保护基金会（Conservation Fund）和农林部林业管理局（USDA Forest Service）首次提出了绿色基础设施的概念，认为其本质是一种"自然生命支撑系统"，即一个由水道、绿道、湿地、公园、森林、农场和其他保护区域等组成的相互连接的网络，这一网络中各类要素共同维护自然生态过程，长期保持洁净的空气和水资源，有助于社区和人群提高健康状态和生活质量。之后，大自然保护协会（The Nature Conservancy，TNC）等机构发展出SITES等若干方法用于绿色基础设施网络的设计，主要目的即确定保护网络中各个组成元素的最佳位置，以及这些元素和整个网络的大小。美国佛罗里达和马里兰提出了类似的基于 GIS 的模型来设计全州范围内的绿色基础设施网络，其基本的步骤包括：①详述网络设计的目标，确定想要的特点；②收集和处理景观类型数据；③确定并连接网络元素；④为保护行动设置优先级；⑤寻找反馈和投入[131]。

整体来看，国外对于生态系统构建技术方法的研究和应用主要来自林业、生态等领域，在尺度上以偏重中宏观的区域性研究为主。

（二）国内研究综述

受人多地少的基本国情影响，国内对于生态系统构建的研究明显多于国外，在生态空间规模确定和空间布局两个方面均作出了一定创新性的工作。

谢高地（2003）在 Costanza 工作的基础上提出的"中国生态系统服务价值系数"[132]，成为我国学者对区域生态系统服务价值评价进而确定生态用地规模的重要方法。董雅文等（1999）首次提出了生态用地的概念[133]，这一概念在石元春院士（2001）使用后被广泛接受和研究。唐运平等（2008）对天津市水资源需求、生态环境敏感性、生态系统服务功能重要性、城市热岛效应削减和区域生态防护角度等方面进行分析，从而确定生态用地的规模需求[134]。张林波等（2008）将景观生态概念模型与生态系统服务功能价值评估方法结合起来，提出了城市最小生态用地的概念，并在 GIS 技术的支持下，构建了能够确定最小生态用地规模、并能将城市中具有重要生态服务功能的土地提取出来的空间分析模型[135]。

"低碳"成为城乡规划的指导理念和重要目标之后，实现一定程度上的"碳氧平衡"成为确定城市生态用地规模、进而支撑城乡规划方案的新方法。张颖等（2007）应用碳氧平衡方法探讨了区域生态用地需求量的确定方法，并测算了郑州市区域生态用地的需求[136]。陈燕飞等（2010）对昆山市城市总体规划阶段的碳氧平衡进行了分析，以低碳富氧为目标为低碳城市规划提供了量化分析思路和方法[137]。林刚等（2010）以贵阳市为例，探讨了碳氧平衡理论在生态城市规划中的应用[138]。

生态空间布局方面，俞孔坚在 Forman 和 Godron 等人工作的基础上，提出了景观生态安全格局和"反规划"的思想，并在美国绿色基础设施概念的基础上，提出了生态基础设施的概念[139]。其主要思想是在城市规划中必须将城市与自然系统的"图－底"关系颠倒过来，先做一个底，即大地生命的健康而安全的格局，然后在此底上做图，即一个与大地的生态过程和景观格局相适应的城市，其发展出的以最小累积阻力模型为基础的生态安全格局分析，成为众多区域生态网络构建研究的重要方法。尹海伟等（2011）以最小累积阻力模型结合情景分析方法，对湖南省城市群的生态网络构建与优化进行了研究[140]。傅强等（2012）

基于最小累积阻力模型构建了青岛市湿地生态网络[141]。张蕾等（2014）采用最小累积阻力模型进行潜在廊道模拟，并基于重力模型和网络结构指数构建了鞍山市生态网络[142]。

绿地作为城市生态空间的重要组成部分，一直是城市规划领域关注的重点。绿地布局遵循的重要原则包括保证较高且公平的可达性，即尽可能地让更多人在短距离内能够享受绿地。绿地的可达性分析是进行绿地系统布局的基本方法，除了传统的可达性分析方法外，近年来研究者们开始引入距离衰减、吸引力模型、Voronoi 图等分析方法进行优化。此外，随着城市绿地生态环境影响研究的深入，学者们开始关注绿地在改善城市微气候环境方面的重要作用，并以此为依据进行绿地布局优化研究。

（三）重点问题

1. 生态空间规模需求

城市发展过程中，保留足够的生态空间，是保障生态平衡和生态安全的基础，这就需要确定合理的生态空间规模。生态空间规模研究的主要内容为确定规模需求应当考虑的因素和综合确定方法。实现各类生态平衡是确定生态系统规模的最主要的原则，但是由于生态系统的开放性，生态平衡受到研究尺度非常大的影响，同时生态平衡可能涉及的方面非常多，仅目前就有生态效益与需求的平衡以及碳氧平衡，因此在何种尺度上实现生态平衡，同时实现哪些方面的生态平衡是生态空间规模需求研究亟待解决的问题。

2. 生态空间布局

生态空间的布局，特别是生态空间与城市非生态空间的空间关系，能够在很大程度上影响生态空间缓解热岛效应等生态效益和作为开敞空间等社会服务效益的发挥。生态空间布局研究的主要内容为影响因素选择，不同布局模式下生态效益和社会服务效益的评价等问题。同时，生态空间布局如何在满足人的需求的同时，尽可能多地考虑生物多样性保护的需求，以及如何减少研究人员的主观性影响，增加生态空间布局中对于生态过程的考虑等，都是需要重点研究的问题。

二、相关技术方法

（一）基于碳氧平衡的生态用地总量测算方法

1. 技术方法

减少碳排放和增加碳汇是实现城市低碳发展的两个方面，而以林地为主的陆地生态系统是吸收 CO_2 的主要部分，研究表明，全球年耗能（煤炭、石油）释放的 CO_2 有 1/3 进入大气，1/3 被海洋吸收，1/3 固定在陆地生态系统中。因此，从维持全球碳氧平衡的角度分析，将陆地生态系统需要吸收的 CO_2 量作为碳氧平衡的标准，进而计算陆地所需的生态用地量，可作为预测城市低碳发展未来所需的生态用地量的方法。

对于一个城市而言，假设其排放的 CO_2 总量可以在本区域内进行固定和吸收，即城市排放的 CO_2 总量的 1/3 完全被生态用地吸收，从碳氧平衡的角度可估算城市所需的生态用地量。

首先需计算城市 CO_2 排放总量，具体计算方法见式 6-1。

$$C_E = \sum_{i=1}^{n} C_{Ei} \qquad (6-1)$$

式中 C_{Ei} 为排放来源的 CO_2 排放量。对城市区域而言，主要包括燃煤、燃油、燃气排放。

陆地系统中 CO_2 主要依靠各类绿色植物光合作用固定，即由耕地、生态保护用地、城乡建设用地的绿地三部分构成。研究表明每公顷林地每天可吸收 $1000kgCO_2$，为计算方便，将各类生态用地吸收 CO_2 的量通过转换系数折算为林地进行计算。每年陆地生态系统吸收 CO_2 量的计算公式如式 6-2 所示：

$$C_S = 365 \times (S_1 \times a_1 + S_2 \times a_2 + S_3 \times a_3) \times P \qquad (6-2)$$

式中 C_S 为陆地生态系统吸收量；

S_1、S_2、S_3 分别为耕地、生态用地、城乡建设用地的绿地面积；

a_1、a_2、a_3 分别为各类用地的转换林地系数；

P 为林地每天吸收 CO_2 量。

综合以上公式可以计算生态用地量，如式 6-3 所示：

$$S_2 = \frac{\frac{1}{3 \times 365 \times P} \sum_{i=1}^{n} C_{Ei} - (S_1 \times a_1 + S_3 \times a_3)}{a_2} \qquad (6-3)$$

式中各符号意义同前。

2. 案例：基于碳氧平衡分析的张家港市生态用地总量测算

张家港市域面积 998.48km²，其中，土地面积约 707.08km²。截止到 2009 年底，全市有耕地 34588.35km²，园地 1211.41km²，林地 716.58km²，草地 83.59km²，城镇村及工矿用地 24415.55km²，交通用地 4891.00km²，水利及水利设施用地 32727.72km²，其他土地为 213.87km²。

1）张家港市 CO_2 排放量现状

张家港市目前的能源消费结构以煤炭为主，占总能源消费的 74.75%，其次为电力，占能源消费的 23.44%，根据张家港市能源消费计算 CO_2 排放量为 3425.6 万 t。其中，燃煤排放量最多，占总排放量的 95.8%，其次为燃油排放量，如图 6-1 所示。

2）基于能源消费的 CO_2 排放量预测

CO_2 排放量主要取决于能源消费总量和能源消费结构，因此，首先预测能源消费总量和能源消费结构。

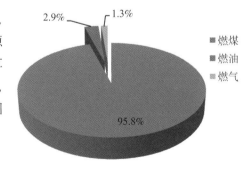

图 6-1 张家港市 2009 年 CO_2 排放构成
资料来源：张家港市统计年鉴

（1）能源消费总量预测

《中国低碳生态城市发展战略》中考虑技术进步、产品结构调整、产业结构调整、政策督导等因素，并参考国际经验，确定全国 100 强城市低碳排放情景能耗年降低 6%，考虑张家港的经济处于全国百强县前列，因此，也参照全国 100 强城市的能耗降低率，即年降低 6%。

张家港市 2009 年单位 GDP 能耗为 1.12t 标煤 / 万元，根据年降低率预测，到 2030 年，张家港市单位 GDP 能耗降低到 0.30t 标煤 / 万元，预测能源消费总量为 3000 万 t 标准煤。

（2）能源消费结构预测

张家港市 2009 年能源消费结构中煤炭占 74.75%，假定在低碳发展条件下能源结构得到较高程度优化，天然气等清洁能源比重增加，注重新能源利用，到 2020 年，煤炭、电力、石油、天然气、新能源比例为 65%、30%、2%、2% 和 1%。到 2030 年，新能源利用比例持续增加，煤炭、电力、石油、天然气、新能源比例为 55%、30%、5%、5% 和 5%。

（3）CO_2 排放量预测

根据公式预测 2020 年、2030 年张家港市 CO_2 排放量分别为 5823.61 万 t 和 5087.28 万 t，单位 GDP 的 CO_2 排放量降低到 1.04t/ 万元与 0.51t/ 万元。

中国 2009 年 11 月承诺，到 2020 年单位 GDP CO_2 排放量将比 2005 年下降 40% ~ 45%。2005 年张家港市单位 GDP CO_2 排放量约为 2.31t/ 万元，根据对张家港市 CO_2 排放预测，到 2020 年张家港市单位 GDP CO_2 排放为 1.04t/ 万元，与 2005 年相比，单位 GDP CO_2 排放下降 55%。因此，张家港市通过低碳发展，降低能耗，优化能源结构，能够达到并优于国家 CO_2 减排要求，在一定程度上保证了本研究预测的合理性。

3）基于碳氧平衡的张家港市生态保护用地测算

若按陆地系统承担 1/3 的人类活动 CO_2 排放量计算，根据预测，2030 年张家港市 CO_2 排放量将达到 5087 万 t，则张家港市陆地系统需要固定的 CO_2 量应为 1696 万 t。

张家港市域面积 998km²，其中包括 212km² 长江水域面积，由城乡建设用地、基本农田和生态保护用地三类构成陆地生态系统面积约 786km²。

根据《张家港市土地利用总体规划（2006—2020 年）》，到 2020 年，张家港市基本农田为 320km²，假定到 2030 年，仍保持基本农田不减少，耕地主要由基本农田组成。则张家港市城乡建设用地与生态保护用地总面积为 466km²，即：

$$S_2 + S_3 = 466 \tag{6-4}$$

根据以上计算，可以得出下式：

$$S_2 = \frac{100}{3 \times 365} \times 5087 - (S_1 \times 0.76 + S_3 \times 0.45 \times 0.8) \tag{6-5}$$

可以计算出 S_3=84。即张家港市生态保护用地应控制 84km² 左右的底线，而可利用城乡建设用地约为 382km²。

按照国外城市发展的经验，开发建设用地面积占国土面积一般为 15% ~ 20%（日本、美国），新加坡（城市国家）建设强度为陆域面积的 40% ~ 50%。本研究预测的张家港市可利用城乡建设用地面积占陆域面积的 48.7%，与新加坡城市建设强度类似。

（二）生态格局优化方法

1. 技术方法

1）区域生态结构优化方法 [143]

连通性是衡量生态系统结构的重要指标，维持良好的连通性是保护生物多样性和维持生态系统稳定性和整体性的关键因素之一，传统的生态结构的优化及评价多为定性判断，一定程度上增大了生态网络结构构建的随意性。随着网络分析技术的发展，可通过评价生态网络结构中各节点的可达性对区域生态结构进行优化。因此，可运用表征生态网络复杂度的 α、β、γ、ξ 等指标对生态系统结构进行评价，进而对生态系统结构进行优化。

α 指标是环通路的量度，代表连接节点间的回路存在的程度，取值范围在 $0 \sim 1$ 之间，当 $\alpha = 0$ 时，表示网络无回路；当 $\alpha = 1$ 时，表示网络具有最大可能的回路数，计算公式为：

$$\alpha = (L - V + 1) / (2V - 5) \tag{6-6}$$

β 指标用来表征网络中每个节点的平均连接数，当 $\beta < 1$ 时，表示形成树状格局；$\beta = 1$ 时，表示形成单一回路；$\beta > 1$ 时表示有更复杂的连接度水平，而对于单个节点，则是其在网络中重要性的体现。

$$\beta = L / V \tag{6-7}$$

γ 指标是网络中连接的数目与该网络最大可能的连接数之比，取值范围为 $0 \sim 1$，$\gamma = 0$ 时表示没有节点相连；$\gamma = 1$ 时，表示每个节点间都相通。

$$\gamma = L / 3 (V - 2) \tag{6-8}$$

ξ 指标为网络的变形系数，表示网络中实际廊道与直线型廊道的形态差异，是各节点间实际廊道总长度与直线总长度之比，表示廊道由于弯曲而产生的额外成本耗费，表征廊道成本的增加程度，$\xi = 1$ 时，无额外成本耗费，ξ 值越大，额外成本耗费越多。

$$\xi = l_i / l \tag{6-9}$$

式 6-6 至式 6-9 中，L 为网络实际存在廊道数，V 为网络实际节点数，l_i 为节点间的实际廊道总长度，l 为节点间直线距离的总长度。

2）区域生态斑块优化方法

一般采用景观格局指数表征区域生态斑块的空间分布特征，通过景观格局指数的分析对比来评价生态斑块的空间分布是否最优。常用的景观格局指数包括景观多样性指数、景观破碎度指数、景观优势度指数和景观均匀度指数（表 6-1）。

主要景观格局指数 表 6-1

指数名称	定义	计算公式	指数意义
景观多样性指数	在一个生态景观系统中，景观要素类型的丰富程度	$H = -\sum_{i=1}^{n} P_i \log_2 (P_i)$，式中，$H$ 为景观多样性指数，P_i 为景观类型 i 所占面积的比例	反映景观要素的多少和各景观要素所占比例的变化
景观破碎度指数	指景观被分割的破碎程度	$C = \sum \dfrac{n_i}{A}$，式中，C 为景观破碎度指数，A 为景观总面积	反映了人为活动对景观的干扰强度
景观优势度指数	一种或几种景观类型支配景观的程度	$D = \log_2 m + (P_i) \log_2 (P_i)$，式中，$D$ 为景观优势度指数，P_i 为景观类型 i 所占面积的比例，m 为景观中斑块类型的总数	反映由某一种或少数景观类型占优势程度
景观均匀度指数	不同景观类型的分配均匀程度	$E = [H/H_{max}] \times 100\% = H / \log_2 m \times 100\%$，式中，$E$ 为景观均匀度指数，H 为景观多样性指数，H_{max} 表示最大多样性指数，m 为景观中斑块类型的总数	反映各组成成分的分配均匀程度

3）区域生态廊道优化方法[144]

生态斑块与生态廊道在结构上的连通性，不但决定了各生态系统结构中各组分的空间联系程度，还直接影响了廊道中生态流的迁移效率。因此，在生态功能网络的构建过程中，应建立最小累积阻力的生态廊道结构，以形成最佳的生态廊道空间位置及路径。

在优化评价方法上，可采用最小累积阻力模型计算每个单元到距离最近、成本最低源的最少累加成本，借此确定点与点间的最小耗费路径，结合物种栖息地分布，分析物种迁徙的可能路径，进而构建可能的区域生态廊道，为预控生态廊道、实施用地调整提供参考。

最小累积阻力模型是指物种从"源"到"目的地"运动过程中所需耗费代价的模型，它最早由 Knaapen 于 1992 年提出，该模型是基于栅格数据中从中心向周围 8 个单元运动的算法，对于任何一个从 N_i 到相邻 4 个单元 N_{i+1} 的运动，累计耗费成本将是从 N_i 到 N_{i+1} 耗费系数总和的一半，即：

$$N_{i+1} = N_i + (r_i + r_{i+1}) / 2 \qquad (6-10)$$

式中　N_i 为第 i 个单元；

　　　N_{i+1} 为第（$i+1$）个单元；

　　　r 为耗费成本。

从 N_i 到 4 个对角单元 N_{i+1} 的运动，其累计耗费成本为：

$$N_{i+1} = N_i + \sqrt{2} \times (r_i + r_{i+1}) / 2 \qquad (6-11)$$

采用最小累积阻力模型计算每个单元到距离最近、成本最低源的最少累加成本，借此确定点与点间的最小耗费路径，结合物种栖息地分布，分析物种迁徙的可能路径，进而构建可能的区域生态廊道，为预控生态廊道、进行用地调整提供参考（图 6-2）。

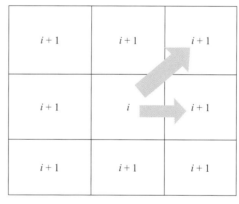

图 6-2　最小累积阻力模型

资料来源：郭宏斌，黄义雄，叶功富等.厦门城市生态功能网络评价及其优化研究[J].自然资源学报，2010，25（1）：71-79.

2. 案例：厦门市生态网络优化

1）厦门市概况和基础数据

厦门市陆地面积 1569.3km²，海域面积 390.0km²。依据厦门市 2005 年 Landsat2 TM 卫星遥感图像，将 5、4、3 波段进行融合，结合现有植被图和土地利用图对遥感影像进行数字化，得出厦门市景观类型图。综合依据土地利用方向、植被类型、人为干扰程度和景观功能等，将厦门市的景观要素划分为农田景观、园地景观、林地景观、低覆被景观、水域和建成区六大类。

将斑块的生态功能阻力作为模型的单元成本，将研究区域制作成以 100m×100m 为单元的栅格数据，依据选取指标的正负效应及其权重，运用 ArcGIS 的 Cost weighted 模块基于最小累积阻力模型进行运算，得出研究区所有生态节点的最小生态功能耗费梯度数据，结合 Cost direction 数据结果，运用 Shortest Path 模块得出廊道最小耗费路径，构建最小耗费生态功能网络。

2）研究结果

（1）生态功能阻力评价数据

在评价斑块生态功能阻力的过程中，整合厦门市景观类型、生态功能价值、景观格局指数等指标及其权重，确定各斑块类型的生态功能阻力栅格数据，用来修正网络的联系廊道（表6-2）。

厦门市生态功能阻力影响因子权重 表6-2

指标类型	权重	指标类型	权重
生态系统服务功能价值	0.330	平均临近指数 MPI	0.275
斑块类型面积 CA	0.094	平均最近距离 MMN	0.030
最大斑块指数 LPI	0.255	斑块结合度指数 COHESION	0.0002
景观形状指数 LSI	0.016		

资料来源：郭宏斌、黄义雄、叶功富等．厦门城市生态功能网络评价及其优化研究 [J]. 自然资源学报，2010，25（1）：71-79.

（2）厦门市最小耗费生态功能网络

基于生态功能方面的考虑，选取面积大于 $6hm^2$ 且具有一定规模植被覆盖的林地和园地景观斑块作为核心生态功能源点，即生态功能网络结点。依据生态功能阻力数据和功能节点，利用最小累积阻力模型计算出最小生态功能耗费梯度数据，并根据耗费程度由低到高分为5个等级，1级耗费区域为最适宜通过区域，5级耗费区域为最不适宜通过区域（图6-3）。在前4种耗费等级上分别建立4种生态功能网络，并利用 GIS 软件基于最小累积阻力模型进行网络中廊道的定位运算，确定廊道最小耗费路径。

从4种建立在不同耗费级别上的厦门市生态功能网络框架可以看出以下几点问题：首先，在城市生态功能网络中，耗费级别低的廊道基本集中在厦门市西北部，建成区1

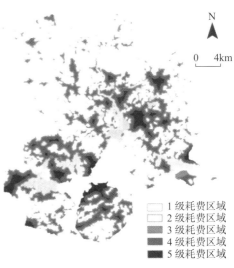

图6-3 厦门市生态功能耗费梯度表面

资料来源：郭宏斌、黄义雄、叶功富等．厦门城市生态功能网络评价及其优化研究 [J]. 自然资源学报，2010，25（1）：71-79.

级耗费网络覆盖面积仅为36.57%，且呈块状集中分布于3个区域，大部分城市森林及公共绿地在空间上分布不均，建成区内的城市公共绿地多被孤立，在生态功能薄弱区域无法形成有效的网络覆盖。其次，忽略海域的影响，城市生态功能网络基本被建成区分隔开来，由图中部分廊道线型及各级耗费网络的ξ变形系数可以明显看出，由于建成区内生态功能节点质量较低，生态系统稳定性差，生态功能流无法形成良好的衔接网络，部分廊道为寻求最小耗费路径而导致曲度过大，迂回路线过长，增加了廊道的成本。另外，厦门市地处东南沿海，易受热带风暴影响，防护林体系建设应是城市生态建设的重点，但研究结果表明，除岛内东南部状况较好外，厦门市大部分沿海防护林极为破碎，未能构成完整的网络体系，难以有效降低风害对城市的影响（图 6-4）。

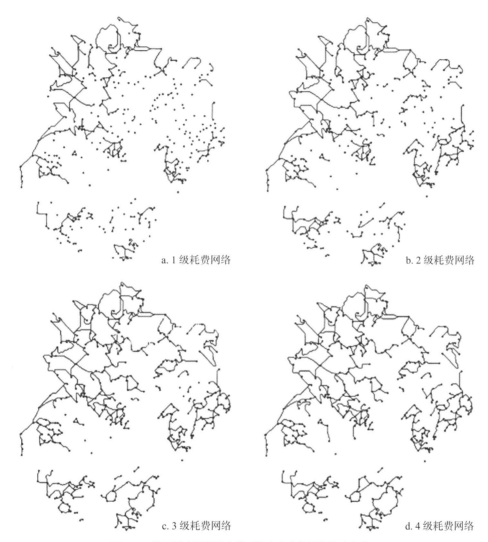

a. 1 级耗费网络　　　　　　　　　　　　b. 2 级耗费网络

c. 3 级耗费网络　　　　　　　　　　　　d. 4 级耗费网络

图 6-4　基于最小累积阻力模型的生态功能网络构建方案

资料来源：郭宏斌，黄义雄，叶功富等．厦门城市生态功能网络评价及其优化研究 [J]. 自然资源学报，2010，25（1）：71–79.

（3）网络结构评价与厦门市生态功能网络优化

依据耗费级别所建立的 4 种生态功能网络结构评价结果见表 6-3。1 级耗费网络中，廊道 245 条，但由于节点较多，且大部分节点处在孤立状态，从城市网络的标准来看基本没有回路，所以 α、β、γ 指标均为最低，α 指标甚至出现负值，但处在这个网络中的廊道可以使生态功能流在运行中达到最低消耗。2 级耗费网络中，α 指标仍为负值，但 β、γ 指标较 1 级耗费网络均有所提高，连线密度增加，网络未覆盖区域也形成了局部的爆破式和内收式结构。3 级耗费网络中，3 种指标都有不同程度的提高，可以明显地看出同安、集美、海沧三区的生态功能网络复杂性增强，网络中出现更高水平的连接度，可扩展性得到提升。4 级耗费网络与 3 级耗费网络指标数相近，廊道数仅多出 13 条，这些廊道都位于建成区内，可将生态流渗透到城市生态功能薄弱区域。由此可以看出，随廊道的不断增加，网络的复杂度与连接度水平也逐渐提升。在 3 级和 4 级耗费网络中，新增廊道的生态阻力逐渐增大，主要原因是生态功能节点被建成区所环绕或阻挡，与外围绿地斑块不相连接，廊道只能穿越建成区，构建难度较大，但这些廊道对于建成区的生态建设具有重要意义。

生态功能网络构建方案的网络结构评价结果　　　　　　　　　　表 6-3

网络	廊道	节点	α 指数	β 指数	γ 指数	ξ
1 级耗费网络	245	387	-0.18	0.63	0.21	1.317
2 级耗费网络	358	387	-0.04	0.93	0.31	1.287
3 级耗费网络	435	387	0.06	1.12	0.38	1.302
4 级耗费网络	448	387	0.08	1.16	0.39	1.295

资料来源：郭宏斌、黄义雄、叶功富等. 厦门城市生态功能网络评价及其优化研究 [J]. 自然资源学报，2010，25（1）：71-79.

城市生态网络的功能在于促进各种功能流在景观组分间的流动，网络的连通度对生态流迁移的效率具有重要意义。通过网络分析可以明显看出，3 级和 4 级耗费网络的结构很有利于城市生态流的迁移和循环，而 4 级耗费网络的廊道额外成本耗费较小，因此，其可作为城市生态功能网络的核心框架。

（三）区域生态系统服务价值评估[145]

1. 技术方法

生态系统服务价值的评估方法较多，考虑生态系统的复杂性和整体性，在对生态系统进行价值评估时需要针对评估方法的局限性和特殊性进行优选。

1）市场定价法

市场定价法是指对有市场价格的生态系统产品和功能进行估价的一种方法。评价步骤首先计算某种生态系统服务的定量值，如农作物的增产量；其次，研究生态系统服务的价格或影子价格，如农作物可根据市场价格定价；最后，计算其总经济价值，其价值即当前人们普遍概念上的生物资源价值。计算公式为：

$$V = \sum S_i \times K_i \times P_i \tag{6-12}$$

式中　V 为物质产品价值；

　　　S_i 为第 i 类物质生产面积；

　　　K_i 为第 i 类物质单产 P_i 为第 i 类物质市场价格。

2）生产率法

生态环境质量的变化可以通过生产过程导致生产率和生产成本的变化来反映，主要用来计算那些可以作为市场产品的功能价值。首先估算环境变化之前的生产成本，再估算环境变化之后的生产成本，最后计算总的经济剩余。计算公式为：

$$E = (\sum_{i=1}^{k} P_i \times Q_i - \sum_{j=1}^{k} C_j)\, x - (\sum_{i=1}^{k} P_i \times Q_i - \sum_{j=1}^{k} C_j)\, y \qquad (6\text{-}13)$$

式中　P 为产品的价格；

　　　C_j 为第 j 类产品的成本；

　　　Q_i 为第 i 类产品的数量；

　　　E 为生态环境改善带来的效益或者是生态破坏带来的损失。

3）人力资本法

通过市场价格和工资多少来确定个人对社会的潜在贡献，并以此来估算生态环境变化对人体健康影响的损益。首先确定受生态系统影响的疾病发生的致病因子和疾病的发生率，再明确人口数量和由于疾病造成的收入损失和治疗费，最后估算由于疾病和死亡带来的损失。

工资损失法的计算公式为：

$$I_c = \sum_{i=1}^{k} (L_i + M_i) \qquad (6\text{-}14)$$

式中　I_c 为疾病造成的损失；

　　　L_i 为疾病带来的平均工资损失；

　　　M_i 为医疗费用。

人力资本损失的计算公式为：

$$V_x = \sum_{i=T}^{\infty} Y_t P_r^{\,t} (1 + r)^{-(t-T)} \qquad (6\text{-}15)$$

式中　V_x 为年龄为 t 的人的未来总收入的现值；

　　　Y_t 为预期个人在第 t 年内所获得的总收入或增加的价值扣除由他拥有的任何非人力资本的收入的余额；

　　　P_r 为个人在现在或第 T 年活到第 t 年的几率。

4）机会成本法

指在资源稀缺的条件下，使用一种方案则意味着必须放弃其他方案，而在被弃方案中可能获得的最大利益就构成了该方案的机会成本。在资源短缺时可用机会成本替代由此而引起的经济损失，但如何选择最大经济利益作为机会成本仍需要依靠其他方法进行估算。计算公式为：

$$OC_i = S_i \times Q_i \qquad (6\text{-}16)$$

式中　OC_i 为第 i 种资源损失机会成本的价值；

　　　S_i 为第 i 种资源单位机会成本；

　　　Q_i 为第 i 种资源损失的数量。

5）享乐定价法

指人们赋予环境质量的价值可以通过享受优质的环境服务所支付的价格来计算，表明个人对某种生态服务功能的支付意愿。首先调查所在的环境质量确定函数，再收集相关证据建立模型进行该项生态服务功能的价值评估。

6）旅行费用法

利用游憩的费用（常以交通费和门票费计）资料求出游憩商品的消费者剩余，以此来推导出生态资源游憩的价值。旅行费用法的种类可以分为区域旅行费用法、个人旅行费用法和随机效用法。

区域旅行费用法通过不同地域到该评估点旅行的人数、不同地域人口统计信息、旅行成本等的统计，通过建立旅游率和旅行费用的关系式，建立评价地区的函数曲线。计算公式为：

$$Q_i = V_i / P_i = f(CT_i, X_{i1}, X_{i2}, X_{ij}, X_{jm}) = a_0 + a_1 CT_i + a_2 CT_{ij} \qquad (6\text{-}17)$$

式中　Q_i 为出发地区 i 的旅游率；

　　　V_i 为根据抽样推算出某地区到 i 区域的旅游人数；

　　　P_i 为某地区的总人数；

　　　CT_i 为从 i 区到评价地点的旅行费用；

　　　X_{ij} 为 i 区域旅游者的收入、受教育水平和其他社会经济支出。

个人旅行费用法以个人为基准的统计资料进行计算，需要搜集每一个消费者每次旅行的费用、旅行的目的、对该区域环境质量的感觉，先明确评估地区，搜集旅行费用、次数、所消耗的时间、个人收入或家庭收入等资料，求出旅行次数和旅行费用的函数模型，进一步计算消费者剩余。计算公式为：

$$V = \int_{p_0}^{p} f(p)\,\mathrm{d}p + p_0 + Q_0 \qquad (6\text{-}18)$$

式中　V 为总的游憩价值；

　　　$\int_{p_0}^{p} f(p)\,\mathrm{d}p$ 为旅行费用支出；

　　　p_0 为消费支出；

　　　Q_0 为旅游时间价值。

随机效用法是建立随机效应模型，在效应最大化的基础上处理包含不同因子的各个地点的价值评估。

7）替代费用法

通过计算花费多少钱来建设一个工程才能替代生态系统的某一种服务功能，比如湖泊调蓄洪水的能力可以用修建防洪设施的成本来进行估算。在搜集替代工程投入费用和受众人群意愿的基础上，先明确生态系统服务功能的替代物，然后计算替代物的成本，同时搜集受众人群的意愿，以便建立公众对于替代物的需求函数（表6-4）。

各种生态系统服务价值评估方法比较　　　　表6-4

评估方法	优点	缺点	适用性
市场定价法	明确反映了个人的消费者偏好和支付意愿，符合公众的心理判断易于被公众接受	只考虑了生态系统及其产品的直接经济效益，忽略了间接效益，计算结果片面。价格不合理易导致评估结果不合理	适用于没有费用支出但有市场价格的生态系统服务的评估

续表

评估方法	优点	缺点	适用性
生产率法	直观, 容易被公众接受理解。所需数据有限, 容易获得	由于生态系统服务功能存在交叉影响, 难以保证能在真实市场中得到实现, 高度依赖环境条件, 缺乏对消费者剩余的考虑	适用于人类资源利用活动产生的生态环境破坏对农业、渔业、水资源等自然系统或建筑物腐蚀等人工系统影响的评价
人力资本法	明确了环境因子和疾病存在明确的因果关系	难以破解伦理道德问题、效益的归属问题	适用于能确定的环境因子和疾病存在明确因果关系
机会成本法	简单易懂, 是一种非常实用的技术, 能为决策者提供科学的依据、更好地配置资源	无法评估非使用价值, 无法评估具有外部性特征收益, 难以通过市场化衡量公共物品	适用于某些资源应用的社会净效益不能直接估算的情况, 如自然保护区或具有唯一性特征的自然资源的开发项目的评估
享乐定价法	运用方便成本低。反映消费者的实际偏好	缺乏对全要素的考查, 难以保证真实的均衡点出现。评估结果过度依赖函数形式的选择和模型的设定。环境收益的范围狭窄、不全面	适用于房地产农业用地的质量改善和环境质量的评估
旅行费用法	结果容易获得公众的认可, 使用的成本不高, 方法是建立在市场行为之上的, 可以提高评估结果的可信度	消费者多目的性的存在会导致评估结果的高估。替代地点的存在会影响对于该地域的价值评估。价值评估的结果严重受当地的社会经济发展水平的影响	适用于评估人工和自然生态系统的娱乐价值
替代费用法	在生态系统服务功能不具有市场性的时候, 通过选取准确的替代物来计算其价值。不需要详细的统计资料, 计算比较方便, 容易被公众所接受	很少环境资源有相近的替代物。公众对生态价值的态度与支付意愿、一些设施效益具有多重性, 如果用这种方法来计算某一种生态系统功能, 容易导致结果偏差	替代工程作用明确的生态系统服务价值估算

2. 案例: 广州市自然生态系统服务价值评估[146]

1) 广州市自然生态系统分类

根据遥感数据和地图信息, 广州市的自然生态系统分为 4 种类型进行生态系统服务功能价值评估。

（1）森林生态系统: 进一步划分为针叶林、阔叶林、针阔混交林、灌木林、疏林、经济林。

（2）草地生态系统: 包括草地、苗圃、花坛、城市其他类型绿地、农林牧场等。

（3）农田生态系统: 包括稻田、旱地、经济作物地、菜地等。

（4）湿地。

2) 生态系统服务价值分类

（1）直接经济价值: 包括林产品价值和种植业生产价值。

（2）间接经济价值: 包括涵养水源、土壤保育、生物多样性、固碳释氧、净化空气等。

3）价值评估方法选择

（1）林产品价值评估方法

采用市场定价法来评估其价值，采用如下公式计算：

$$FP = S \times E \times R \times P \times C / T \qquad (6-19)$$

式中　FP 为区域森林生态系统木材价值；

　　　S 为林地面积；

　　　E 为平均木材价格；

　　　R 为综合出材率；

　　　P 为择伐强度；

　　　C 为成熟林单位面积蓄积量；

　　　T 为择伐周期。

（2）种植业生产价值

种植业包括粮、棉、油料、糖料、蔬菜及其他农作物的种植，以及茶园、桑园、果园的生产经营。

种植业每公顷价值 = 种植业的价值 / 面积

（3）涵养水源价值

采用生态系统蓄水能力法从物质量角度定量评价广州市生态系统涵养水源功能，然后以生态系统涵养水量为基础进行定量评价。

涵养水源单位价值 = 每种生态系统的平均持水量 × 面积 × 蓄水成本

（4）土壤保育价值

采用替代费用法、机会成本法，从保护土壤肥力、减少土地废弃和减轻泥沙淤积三方面来评价。

（5）固碳释氧价值

以净初级生产力数据为基础，根据光合作用反应方程式计算各类生态系统的净初级生产量。

净初级生产量 = 每种生态系统类型的净初级生产力 × 面积

（6）净化空气价值

利用已有的生物与周围污染物之间的剂量相应关系，定量评价各种生态系统吸收二氧化硫和滞尘的能力，然后使用替代费用法将生态系统净化污染物的量价值化。

4）广州市自然生态系统服务价值评估

根据以上方法计算的广州市自然生态系统价值见表6-5。如果考虑生态系统服务功能的直接经济价值和间接经济价值，广州市生态系统价值排序为农田、湿地、林地、草地。虽然草地的生态系统服务功能价值较小，但由于主要分布于城区和城镇，其生态系统服务功能更具有直接意义。

（四）城市生态系统健康评价

城市生态系统健康是指城市人居环境的健康，即系统内人类生产生活通过与周围环境、各群落之间进行的物质和能量交换所形成持续的良性循环，以及城市生态系统内人类种群的健康。

广州市各生态系统单元生态系统服务价值 单位:元/hm²·年　　表 6-5

生态系统类型	生态系统服务价值								直接产品价值	
	保育土壤			固碳释氧		净化空气		合计	林产品	农业生产
	涵养水源	土壤肥力保持	减轻泥沙	释氧	固碳	吸收二氧化硫	滞尘			
针叶林	357.5	863.8	61.7	6670.0	5419.8	128.2	5644.0	19144.9	840	—
阔叶林	418.2	863.3	61.6	4622.4	5024.4	96.6	1718.7	12805.3	840	—
针阔混交林	387.8	863.6	61.7	4910.4	5337.5	112.4	3682.2	15355.5	840	—
灌木林、疏林	328.3	864.4	61.7	5227.2	5674.4	96.6	1718.7	13971.3	420	—
经济林	307.5	864.2	61.7	4416.0	4800.1	96.6	1718.7	12264.7	840	—
草地、花坛	314.6	864.4	61.7	3955.2	5880.0	26.1	1718.7	12820.8	—	—
农田	243.2	—	61.8	3955.2	4299.2	26.1	1718.7	10304.2	—	33060
湿地沼泽	418.0	863.3	61.6	8400.0	9130.6	128.2	3682.2	22683.9		

资料来源:杨志峰,徐琳瑜.城市生态规划学[M].北京:北京师范大学出版社,2008.

目前城市生态系统健康评价的研究主要是通过建立适宜的模型来评价,常用的方法有模糊数学法、属性综合评价法、综合指数评价法、神经网络模式识别法、属性综合评价法等,常见的评价模型有 PSR 模型(压力—状态—响应)、DFSR 模型(驱动力—状态—响应)、DPSEEA 模型(压力—状态—暴露—影响—响应)等。

1. 模糊数学法[147]

城市生态系统是一个复杂的、难以精确刻画的模糊对象,模糊数学是处理现实世界中客观存在模糊现象的一种数学方法,在普通集合中任一元素只能是属于或不属于该集合,而在模糊集合中很难确定某一元素是属于或不属于该集合,即该集合中的元素存在亦此亦彼的特点。城市生态系统健康正是这样一种具有模糊性质的概念,因此,应用模糊数学的概念和方法建立的城市生态系统健康评价模型比传统的评价方法更能够符合实际情况。

1)评价指标与分级标准

模糊数学法选择活力、组织力、恢复力、生态系统服务功能和人群健康状况作为评价的 5 个主要要素。活力即其活性、代谢及初级生产力;组织力指生态系统组成及途径的多样性;恢复力是生态系统维持结构与格局的能力,即当胁迫消失时,系统克服压力及反弹恢复的容量;生态服务功能是人类评价生态系统健康的一条重要标准,主要表现在它是提供人类生产、生活的载体,城市的环境质量的好坏及人们的生活便利程度直接影响着生态系统服务功能的优劣;人群健康状况本身可作为生态系统健康的反映。然后,再针对 5 个要素所涵盖的内容提出相应的评价指标,将城市生态健康状况划分为病态、不健康、亚健康、健康、很健康 5 级。

2)隶属函数的建立

r_{ij} 为第 k 指标层的第 i 个指标对 j 等级的隶属度值,R_{ij} 为实际值,$k=1,2……m$,m 为 r_{ij} 所在指标层包含的指标个数,X_j 为 j 等级的标准值,$j=1,2,3,4,5$。

隶属函数的公式如下：

当 $R_{ij} < X_1$ 时，$r_{i1} = 1$，$r_{i2} = r_{i3} = r_{i4} = r_{i5} = 0$ （6-20）

当 $X_j < R_{ij} < X_{j+1}$ 时，$r_{ij} = \dfrac{X_{j+1} - R_{ij}}{X_{j+1} - X_j}$ $r_{ij+1} = \dfrac{R_{ij} - X_j}{X_{j+1} - X_j}$ （6-21）

而对其他健康程度的隶属度为 0；

当 $R_{ij} > X_5$ 时，$r_{i5} = 1$，$r_{i1} = r_{i2} = r_{i3} = r_{i4} = 0$。 （6-22）

将各指标统计值代入隶属函数，计算得到相应的隶属矩阵 P。

3）评价指标权重的确定

运用极差标准化方法对原始数据进行无量纲化处理，具体处理公式如下：

效益性指标：$X_{ij} = \dfrac{x_{ij} - x_{j\min}}{x_{j\max} - x_{j\min}}$ $\qquad X_{ij} \in [0，1]$ （6-23）

成本性指标：$X_{ij} = \dfrac{x_{j\max} - x_{ij}}{x_{j\max} - x_{j\min}}$ $\qquad X_{ij} \in [0，1]$ （6-24）

其中：x_{ij}、$x_{j\max}$、$x_{j\min}$ 和 X_{ij} 分别为第 i 年第 j 个指标的原值、最大值、最小值和标准化后的数值。

计算随机变量的均值 $\overline{X}_J = \dfrac{1}{n} \sum_{i=1}^{n} X_{ij}$，$X_{ij}$ 是第 i 年第 j 指标下对应的标准后的指标值。

计算第 j 指标的均方差 $\sigma_j = [\sum_{i=1}^{n} (X_{ij} - \overline{X}_J)^2]^{0.5}$

计算各指标权重系数 $w_j = \dfrac{\sigma_j}{\sum_{j=1}^{m} \sigma_j}$

其中 m 为某评价要素下指标的个数，$0 \leqslant w_j \leqslant 1$，$\sum_{j=1}^{m} w_j = 1$。

各一级评价指标权重子集为：A = （a_1，a_2，a_3，a_4，a_5）= （0.2，0.2，0.2，0.2，0.2）。

4）模糊矩阵的复合运算

$$B = (w_1, w_2, w_3, w_4, w_5) \times \begin{bmatrix} r_{1,1} & r_{1,2} & \cdots & r_{1,n} \\ r_{2,1} & r_{2,2} & \cdots & r_{2,n} \\ \cdots & \cdots & \cdots & \cdots \\ r_{m,1} & r_{m,1} & \cdots & r_{m,n} \end{bmatrix} = (b_1, b_2, \cdots, b_n), b_j(j = 1, 2, \cdots, n)$$ （6-25）

为城市生态系统健康评价标准中各个标准级别的隶属度，采取最大隶属度的原则取得最终评价结果。

2. P（压力，pressure）—S（状态，state）—R（响应，response）模型[148]

20 世纪 80 年代末，经济合作和开发组织（OECD）与联合国环境规划署（UNEP）共同提出了环境指标的 P—S—R 概念模型。在 P—S—R 框架内，环境问题可以表述为 3 个性质不同但又相互联系的指标类型：状态指标用以衡量由于人类行为而导致的生态系统的变化；压力指标则表明生态环境恶化的具体原因；响应指标则显示社会为减轻环境污染资源、破坏所做的努力（图 6-5）。

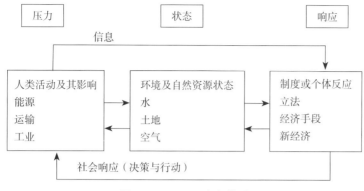

图 6-5　P—S—R 框架模型

资料来源：张晓琴，石培基. 基于 PSR 模型的兰州城市生态系统健康评价研究 [J]. 干旱区资源与环境，2010，24（3）：77-82.

三、研究述评

（一）存在问题

1. 生态用地总量预测方法

生态用地既是城市碳汇，也是城市安全的重要保障，因此，预测城市未来发展需要控制的生态用地量是保障城市人居环境的基础。碳氧平衡分析法与采用如人均绿地面积等人均指标的方法相比，考虑了城市生态用地生态效益的发挥，作为生态用地总量预测的一种尝试，具有一定的可行性。

由于缺少对特定树种、特定植物群落吸收二氧化碳的定量数据，在碳氧平衡分析法的计算过程中，林地、灌木、草地吸收二氧化碳量指标参数多取自于已有研究成果和经验数据，但由于不同植物构成的林地类型，吸收二氧化碳量差异较大，因此，计算结果存在一定的误差。

2. 生态格局优化方法

利用生态格局优化方法构建生态安全格局是预控生物迁徙通道、保护区域生物多样性的基础，通过多种景观格局指数结合网络分析法，从空间上为生态安全格局的构建提供了预判。但是，由于景观格局与网络分析偏重结构分析，缺少与区域生物多样性分布、生物迁徙通道分布的结合，未考虑其作为生态廊道功能的发挥，因此，构建的生态安全格局结构也仅是理论的可能结构，难以反映真实的生物迁徙通道。

此外，景观格局评价指标较多，且部分指标存在矛盾性，如多样性与破碎度指数，从理论上分析，单一的景观其破碎度最小，但其多样性也少，因此，选取合适的评价指标应充分考虑地理与生物多样性特征。

3. 生态系统服务价值评估方法

生态系统服务价值的合理评估有利于量化评估生态系统服务，为绿色 GDP 的核算提供参考。生态系统服务价值的评估方法包括了市场定价法、生产率法、人力资本法、机会成本法、享乐定价法、旅行费用法、替代费用法等方法，对于复杂的生态系统而言，一种方法难以完全评估其服务价值，需要多种方法联合评估。此外，由于对生态资源的分类及服务价值缺少统一的标准，各种方法在其量化评价时只是反映了某一特定时段的服务价值，未考虑生态系统的动态变化过程及经济形势变化，生态服务评估只是被人类利用了的生态系统的那部分功能，尚未利用的部分功能目前尚未考虑，因此，目前的生态系统服务价值的评估方法仍需进一步深入研究。

（二）深化研究方向

生态用地总量、生态格局、生态系统服务价值评估是对生态系统从总量、空间布局、生态效益的系统评估，对其合理评估有助于在城市规划过程中对生态系统的"量、位、效"进行统筹考虑，但目前相关研究仍存在一定的不足，今后需重点关注以下几个方面：在生态用地总量评估上，综合考虑生态用地在固碳释氧、吸收污染物等方面的生态效益，深入研究特定地区典型生态用地类型的生态效益标准；在生态格局优化方法上，应从生物多样性角度出发，以区域焦点物种为对象，分析其可能的迁徙通道，并将其与网络分析相结合，强化当前生态格局优化方法的功能性；在生态系统服务价值评估上，深入研究生态资源的分类标准、价值标准，建立估价的方法体系标准，增强生态系统服务价值评估的合理性。

第七章　生态效益评估技术方法

低碳生态城市发展的主要目的是针对人类影响自然的活动和区域积极寻找各种有效措施来促进生态的正向发展，以减少人类对自然生态的破坏，实现人与自然的和谐发展。准确评价"正向发展"的效果，即低碳生态发展模式的"生态效益"，对于规划方案比选以及实施效果的反思与修正都具有重要意义。近年来，一系列评估技术方法被提出并引入到城市规划领域，为科学合理的低碳生态城市规划提供了重要的支撑。对规划设计方案进行低碳、生态效益评估，从而为城乡规划提供科学支撑的技术方法，称之为低碳生态城乡规划的生态效益评估技术方法。

一、国内外研究综述

（一）国外研究综述

国外对于"生态效益"的研究起步较早，20 世纪 50 年代，苏联等国家即开始对于森林的生态效益进行评价，之后各国科学家对各类生态系统的效益评价逐步展开。90 年代中后期，Daily 主编的《生态效益：人类社会对自然生态系统的依赖性》掀起了生态效益评价研究的热潮：以澳大利亚的 Robert Costanza 为代表的"生态经济学派"，认为生态功能价值可以计算总价值，并提出了市场价格法和替代成本法等计量方法；而以英国的 David Pearce 为代表的"环境经济学派"认为生态功能价值难以计算总量，恰当的计量方法为支付意愿（WTP）。两派提出的计量方法也成为延续至今的生态效益评价的主要手段。特别是 Constanza 等人于 1997 年在《NATURE》上发表的《全球生态系统的服务和自然资本的价值》一文，估算出全球 16 种主要生态系统的 17 种生态功能的经济价值[149]。与此同时，土地利用/覆盖变化（LUCC）成为全球环境变化领域的研究热点，Constanza 等人的测算方法也成为 LUCC 导致的生态系统服务价值变化评估的重要支撑。此后，以换算经济价值表征生态效益，增强了各类研究以及各类生态系统之间生态效益的可比性，因此生态效益评估在某种程度上等同于生态价值评估。

针对城市绿地这一特殊生态系统，其生态效益的评估也在这一时期取得了重要的突破。1996 年美国林业署开发出一个可以定量评价和分析环境可持续发展水平的设计工具——CITY green 软件，能够定量计算出绿地对空气污染物的净化、暴雨缓排、碳的储藏和吸收以及节能等方面的效益和相关价值，在美国和加拿大等发达国家的数百个城市的土地利用和环境规划工作中得到了广泛的应用。

随着全球升温和气候变化问题的产生，温室气体排放成为国际社会关注的焦点。为获取气候变化及其影响以及减缓和适应气候变化措施方面的科学和社会经济信息，政府间气候变化专门委员会（IPCC）组织各国专家编写了《2006 年 IPCC 国家温室气体清单指南》，用于指导各国的温室气体排放核算工作。依据该清单进行温室气体排放核算，成为温室气体减排效益研究的重要基础。

（二）国内研究综述

国内的相关研究，基本也类似于国外的趋势，在研究领域、理论和方法方面亦借鉴了国外研究的较多内容。早期的研究主要集中在自然生态系统、特定的农林经营模式或者生态修复工程的生态效益评价方面，如森林生态系统涵养水源的效益、稻田养鱼模式的效益以及水土保持生态工程的效益评价等。20世纪90年代中期以后，土地利用／覆盖变化（LUCC）研究在我国迅速发展。应用Costanza的生态系统服务价值评估体系，并参照谢高地等（2003）提出的"中国生态系统服务价值系数"进行测算的方法被广泛采用，该方法还被用来进行土地利用规划方案的生态合理性评价。

这一时期，国内对于城市绿地生态效益的研究也逐步深入，代表性的工作为陈自新等（1998）对北京城市园林绿化生态效益的系统性研究，分析评估了37种主要园林植物和5种主要绿地类型的绿量以及在固碳释氧、蒸腾吸热、滞尘等方面的生态效益[150]。2003年，中科院沈阳应用生态研究所在国内首次引入CITYgreen软件，进行沈阳市城市森林结构特征和生态效益的研究，之后CITY green被许多研究者用于杭州、南京、深圳等城市的森林和绿地生态效益评价以及绿地规划设计中[151-153]。

随着"低碳"理念被引入城乡规划领域，"低碳"效益评估就成为规划方案的重要评价标准，常用的方法为碳排放情景模拟，即分析不同规划方案下的碳排放情况，作为方案比选的要素之一。

（三）重点问题

1. 生态保护效益评估

城乡发展必然会在一定程度上改变原有的生态系统，将其不利程度降到最低是规划方案科学合理性的重要标准。规划方案的生态保护效益集中在对于生态空间的保护效果方面，这也是生态保护效益评估的主要内容。

2. 碳减排效益评估

不同的规划方案最终会通过各类间接作用导致不同的碳排放结果，碳减排效益是低碳导向下评价规划方案的重要指标。这一方面的研究内容包括规划方案实现碳减排的机理以及评估方法。

3. 生态系统服务效益评估

合理利用生态空间，提升生态系统服务效益，是城乡规划中生态保护意义实现的关键，这就需要对生态系统服务效益进行准确评估。主要研究内容包括生态系统服务的内涵、量化方法以及评价模型等。

二、相关技术方法

（一）基于多目标达成矩阵法的空间布局合理性评价[154]

1. 技术方法

城市用地布局是城市规划中的核心环节，起到承上启下的关键作用，以往的城市规划编制过程中，用地布局方案多凭规划师的经验认识、简单的图层叠加和有限的社会公众参与生成，规划方案的科学性较难准确评价。随着城市经济社会要求低碳生态发展，用地布局规划方案不仅要能够体现城市社会经济发展的宏观战略导向，还要能够最大限度满足生态安全、灾害避让等约束目标，这就迫切需要适应多情景分析下的城市用地布局模拟与方案评价方法。

多目标达成矩阵法（Goals Achievement Matrix，GAM）是一种评价规划是否符合众多预定目标的有效定量分析方法，最早由 Hill 在 1960 年代提出，后被广泛应用于各类规划方案的评价中。该方法将规划原则具体化为 z 个规划目标（O_1，O_2，O_3……O_z），对于每一个目标，先计算规划方案与预定目标之间的冲突率（式 7-1）。

$$CMA = A \cap B / A \qquad\qquad (7\text{-}1)$$

式中　CMA 为冲突率；

　　　A 为规划方案；

　　　B 为预定目标；

　　　$A \cap B$ 表示规划和目标的冲突范围。

然后，计算每个方案在各个目标下的冲突指数及综合冲突指数，计算公式为：

$$E_{o,s} = W_o \times CMA_{o,s} \qquad\qquad (7\text{-}2)$$

$$E_s = \sum_{o=1}^{z} E_{o,s} \times 100\% \qquad\qquad (7\text{-}3)$$

式中　W_o 为第 O 个目标的冲突权重；

　　　$CMA_{o,s}$ 为第 S 个方案在第 O 个目标下的冲突率；

　　　E_s 为综合冲突指数；

　　　$E_{o,s}$ 为第 O 个目标的冲突指数；

　　　z 为目标总数。

2. 案例：基于 GIS 的太仓市城市用地布局多情景方案评价 [154]

太仓市位于江苏省东南部，长江口南岸。北濒长江，与崇明岛隔江相望，东临上海宝山区、嘉定区，总面积 822.9km²，其中长江水域面积 173.9km²。全境地势平坦，北部为沿江平原，西部为低洼圩区。太仓下辖城厢、陆渡、浏河、浮桥、沙溪、璜泾和双凤 7 个镇，其中城厢镇为市人民政府驻地。太仓港经济开发区含新区和港区 2 部分，分别位于城厢镇北部和长江浮桥段沿岸。目前，其城镇生活用地主要集中在城厢，其次是沙溪和浮桥；工业用地主要集中在浮桥和城厢，其他镇均较少。

1）模拟结果

按照不同发展战略确定的用地分配原则，结合太仓市社会经济发展趋势以及各子区域的土地利用现状和用地增长趋势，设计一个土地利用演化模型，进而运行模型计算出各子区域在规划期末的用地情况。

根据发展战略归纳下的用地指标分配目标，结合用地扩展适宜性评价结果，通过运行城市未来模型，生成了 3 种战略的土地使用情景（图 7-1）。从模拟结果来看，在"战略一"情景下，新增生活用地主要集中在城厢镇东部和南部，新增工业用地多数位于城厢镇北部新区，少量位于浮桥镇；在"战略二"情景下，新增生活用地仍主要集中在城厢镇，而新增工业用地主要集中在浮桥镇，其两块工业区已经连成一片；在"战略三"情景下，新增生活用地除在城厢镇东部和南部有不少分布外，沙溪镇也有一定分布，而新增工业用地除多数位于城厢镇和浮桥镇外，浏河、璜泾和双凤也有一定分布。

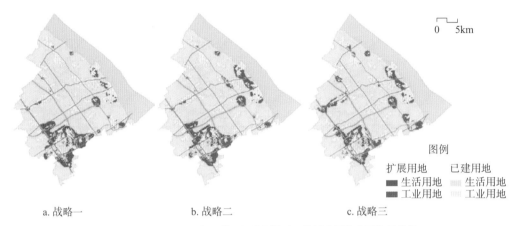

a. 战略一　　　　　　b. 战略二　　　　　　c. 战略三

图 7-1　2007 ~ 2030 年 3 种不同发展战略下的城市用地布局情景模拟

资料来源：秦贤宏，段学军，杨剑. 基于 GIS 的城市用地布局多情景模拟与方案评价——以江苏省太仓市为例 [J]. 地理学报，2010，65（9）：1121-1129.

2）城市用地布局方案评价

根据太仓市的实际情况，选择耕地保护、生态敏感和潜在冲突等 3 个方面作为各情景模拟方案的评价目标。耕地保护和潜在灾害两个目标下设定了 3 个冲突等级，分别用 A、B、C 来表示，其中 A 等级冲突最严重，B 等级次之，C 等级最微弱；而生态敏感设定 A 和 B 两个等级（表 7-1）。

约束因素及其等级情况　　　　　　　　　　　　　　　　表 7-1

目标	冲突等级		
	A	B	C
耕地保护	省级现代农业园区；一等农田	二等农田	三等以下（非待建用地）
生态敏感	一级水源保护区；湿地保护核心区	二级水源保护区；湿地保护外围缓冲区	
潜在灾害	地质断裂带；灾害高易发	灾害中易发	灾害低易发；低洼地；易涝地区

资料来源：秦贤宏，段学军，杨剑. 基于 GIS 的城市用地布局多情景模拟与方案评价——以江苏省太仓市为例 [J]. 地理学报，2010，65（9）: 1121-1129.

将土地使用模拟情景与相关约束目标的专题地图进行叠加，可以算出每个大目标下各个冲突等级的冲突率。在此基础上，如果设定 A 等级冲突的权重为 1，B 等级冲突的权重为 0.6，C 等级冲突的权重为 0.2，又可以算出每种土地使用情景对应的 3 个目标的综合冲突指数。结果显示，情景一在"潜在灾害"方面冲突指数较大，情景三在"耕地保护"方面冲突指数较大，而情景二虽在"耕地保护"方面的冲突指数略大于情景一，但在"潜在灾害"方面显著低于其他两个方案。因此，如果上述 3 种战略对城市社会经济发展的影响基本相当或相差不大，那么就耕地保护、生态敏感和潜在灾害这 3 个目标而言，情景二可作为太仓市的最佳参考方案（表 7-2）。

3 种情景下的冲突情况对比　　　　　　　表 7-2

方案	目标			合计（%）
	耕地保护	生态敏感	潜在灾害	
情景一	18.1	0.0	11.9	30.0
情景二	18.5	0.0	10.8	29.3
情景三	22.3	0.1	11.5	33.9

资料来源：秦贤宏，段学军，杨剑. 基于 GIS 的城市用地布局多情景模拟与方案评价——以江苏省太仓市为例 [J]. 地理学报，2010，65（9）：1121-1129.

（二）基于 CFD 的规划方案微气候效益评价

1. 技术方法

城市微气候作为大区域大气候背景下形成的一种相对独立的小气候，与城市形态密切相关，良好的城市空间方案的设计有助于改善城市微气候，而良好的城市微气候有利于改善城市环境的热舒适性并有助于实现建筑及城市节能的目标[155]。

计算流体力学（Computational Fluid Dynamics，CFD）是当前对规划方案的微气候效益进行模拟评价常用的方法，适用于各种传热和流体问题，通过把描述流体运动的 N—S 方程离散化，再借助计算机的数值运算求解出流体运动。1974 年，丹麦的 P.V.Nielsen 首次将 CFD 技术应用于空调工程，模拟室内空气流动情况。它可对温度场、速度场、湿度场、浓度场等各种流场进行分析计算和预测。自此，CFD 广泛用于与流体有关的各种工程和设备应用的数值模拟中，特别是近年来已开始将其利用在对规划的风环境、温度等微气候模拟分析中，如 Mochida 等人利用 CFD 技术研究了大东京地区中观尺度的城市热岛现象[156]，Rajagopalan 等人模拟了新加坡的城市热环境并研究了减少热岛效应的策略[157]，Chen 等人运用 CFD、辐射和换热模型模拟，并使用人体热感知因子评价了城市街区中建筑群和地面之间的热环境[158]。CFD 具体方法介绍见第四章。

2. 案例：基于 CFD 的苏州工业园区规划空间方案效益评价

1）数据收集

采用离苏州市最近的气象台站（上海台站）的气象资料。气象数据采用清华大学和中国气象局合作开发的"中国建筑热环境分析专用气象数据集"中发布的上海地区的全年气象数据。为研究城市热岛效应，在选用数据时，以夏季最热月为依据。

城市风环境是影响城市热岛效应的重要因素，下面主要对夏季最热月风环境特点进行详细的分析，为确定边界条件做好准备。

采用 ECOTECT 软件中气象数据分析模块，对夏季最热月（7 月）进行风分析（图 7-2）。由于中午气温较高，热岛效应比较明显，故仅对中午气象数据进行分析。

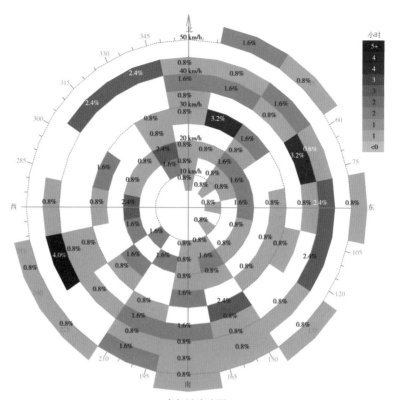

中午风玫瑰图

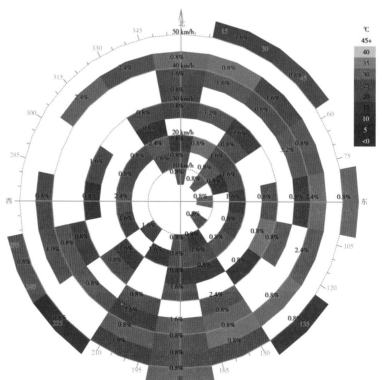

中午平均温度图

图 7-2　夏季最热月气象图（一）

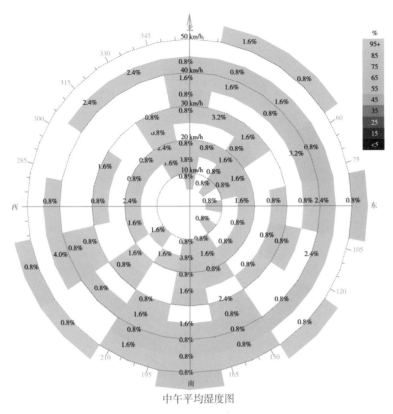

中午平均湿度图

图 7-2　夏季最热月气象图（二）

资料来源：江苏省城市规划设计研究院 . 苏州工业园区总体规划实施评估与优化，2010.

（1）主导风向分析

对全天、中午 12 点及夜间 2 点各风向的发生频率进行统计，发现南风发生频率相对最高，因此采取夏季南风作为主导风向，来研究城市的热环境状况。

（2）风的温度，风速分析

查阅气象资料，夏季风的平均温度为 31.3℃，平均风速为 3.4m/s。

2）园区数字模型的建立

城市是一个复杂的物质实体，在城市之中，除坐落各种各样的建筑物之外，还存在着各种各样的自然地貌如山体、河流、湖泊、盆地等。气象资料中的风速、温度、大气压、太阳辐射等参数，城市中的建筑密度、人口密度、绿化程度以及地形特征对于城市的空间布局都会产生很大的影响。因此，将 CFD 仿真模拟应用在建筑及城市与城市微气候的关系的研究中，合理、准确的 CFD 城市数字模型是进行研究的关键。

建立的实际模型如图 7-3 所示（其中，z 方向为正北方向）。

将复杂的城市转化为可在 CFD 中进行仿真模拟的数字模型，对城市进行一定的区域划分十分必要。一方面，在城市中，由于所处地理位置条件的不同，因此不同地区的建筑密度、人口密度和绿化程度等相应的分布也会有很大的差别。在受到相同的城市气候条件影响时，其所表现出的温度、太阳辐射温度、舒适度、大气压等特征也会

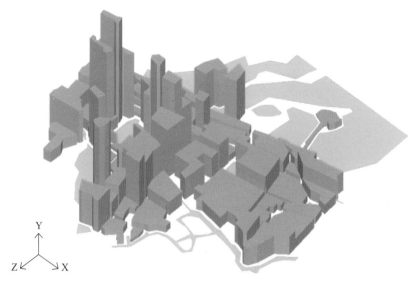

图 7-3　园区 CFD 三维模型示意图

资料来源：江苏省城市规划设计研究院．苏州工业园区总体规划实施评估与优化，2010.

差异很大。另一方面，在 CFD 中建立城市数字模型进行分析研究时，由于城市中各种因素的多样性，若对城市中的现有的各种条件一一建立数字模型，工作量将会非常大。通过对城市中不同地区的分析调查，将相似特征的地区作为一个整体进行分析研究，给研究大气候对城市以及城市中不同地区之间的相互影响提供了便利。

以主要干道、河流、湖泊等各种条件为界限，分为不同的区域地块，考虑到不同区域的建筑密度大小、容积率、人口毛密度、绿化程度等因素组成的 CFD 数字模型在模拟仿真计算过程中可能表现出的不同特性，将整个研究区域分为 5 个等级（表 7-3）。在区域分级过程中，根据不同区域的实际情况，综合考虑区域内建筑密度、容积率、人口毛密度、绿化程度等因素的基础，取各参数在本地块上的平均值；以该区域内接受太阳辐射的程度、风的影响大小为标准，级别由低到高，其区域内的建筑密度、容积率、人口密度都是由低到高，而其绿化率则由高到低。

城市地块分级表　　　　　　　　　　　　　　　　表 7-3

等级	建筑密度	容积率	人口毛密度	绿化程度
一级	10% 以下	0.5 以下	200 以下	很好
二级	10% ~ 20%	0.5 ~ 1.0	200 ~ 400	好
三级	20% ~ 30%	1.0 ~ 1.5	400 ~ 600	一般
四级	30% ~ 40%	1.5 ~ 2.0	600 ~ 800	较差
五级	40% 以上	2.0 以上	800 以上	差

资料来源：江苏省城市规划设计研究院．苏州工业园区总体规划实施评估与优化，2010.

根据以上区域划分原则，可将园区地块分为 5 个等级（图 7-4）。

	一级
	二级
	三级
	四级
	五级
	水体

图 7-4 园区地块分级图

资料来源：江苏省城市规划设计研究院.苏州工业园区总体规划实施评估与
优化，2010.

3）模型初始条件

（1）初始温度设定

以苏州市一级地块模型为例，一级地块内由于建筑密度小、容积率低、人口毛密度小、绿化程度好，其初始温度低，一般设置为 26℃；四级地块内建筑密度大、容积率高、人口毛密度大，其初始温度高，一般设置为 38℃。

对于 CFD 的河流、湖泊模型，由于其温度受季节变化影响较大，在进行仿真模拟计算时，根据计算的季节不同，设置不同的初始温度。对于苏州市的水域，夏季初始温度设置为 24℃。

（2）模拟气候条件

在 CFD 模拟计算中，通过设置进风口和出风口的不同位置和参数，并附加其他有关参数，达到模拟城市不同季节自然气候条件的目的。以苏州市为例，夏季的风平均温度为 31.3℃，平均风速为 3.4m/s。通过对相关气候资料的分析和转换，将其设置为 CFD 中的风的速度和温度等参数，以模拟城市数字模型在 CFD 计算过程中的气候环境。

4）模拟结果

按照上述方法建立模型，并设置相关边界条件，对园区原规划方案进行 3 种不同风向下的热岛数值计算模拟。

园区原规划的模型模拟结果显示，热环境、风环境及空气龄整体较好，原因主要在于原规划构建了"四纵五横"的生态廊道体系，通风、降温效果良好，提高了园区整体的热舒适度及空气新鲜度。而且，园区内部的金鸡湖、独墅湖及南部澄湖、北部阳澄湖等大型水体，也发挥了调节气温的作用；水体通过廊道的贯通联系，又进一步增强了调温效果。

（1）风速

在夏季南风影响下，园区南部迎风面风速较大，而北部受南部的建筑影响，越往北风速较小。从东西向截面来看，具有南北向开敞型通风廊道的区域风速明显高于其他区域，如金鸡湖以北的区域风速仍能达到 2.8m/s 左右，而同一截面的其他区域风速不到 2m/s，甚至几乎降到 0m/s（图 7-5）。

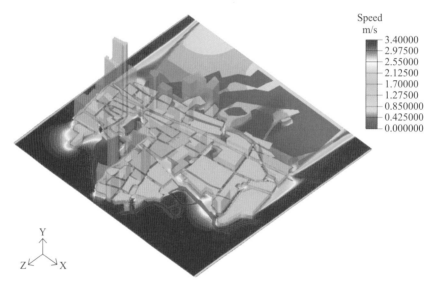

图 7-5　风速模拟分布图

资料来源：江苏省城市规划设计研究院．苏州工业园区总体规划实施评估与优化，2010.

（2）空气龄

空气龄反映空气质点在某区域的停留时间，是判断空气新鲜程度的一个重要指标。某点的空气龄越小，说明该点的空气越新鲜，空气品质就越好。空气龄分布云图显示（图 7-6），在园区四周尤其是在迎风面，空气龄较小，空气滞留时间很短。在园区中心，尤其是在背风面建筑密集区域，空气龄相对较大，说明空气滞留时间较长，空气新鲜度不够。比如在东南风的作用下，星港街和 312 国道西段空气龄相对较大。

（3）温度

由温度分布图可以看出，园区北部的温度明显高于南部，这主要是因为南风将南部的热量带到了北部园区，而北部虽然分布大面积水域，但其降温效果影响范围较为有限，仅影响了沿岸的小部分区域。另外，南边和北边都有密集且高大建筑群包围的区域，也成为热量堆积的一个谷地。

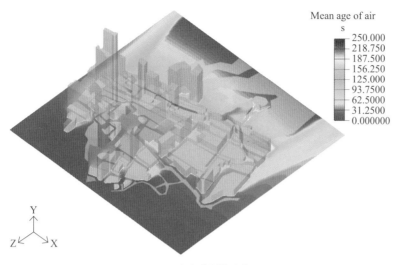

图7-6　空气龄模拟分布图

资料来源：江苏省城市规划设计研究院.苏州工业园区总体规划实施评估与优化，2010.

通过温度分布图（图7-7），可以看到大部分区域温度在28℃附近，说明整个园区热岛现象并不明显。局部区域（尤其在第四、五级地块附近）温度在35℃左右，这可能是由于该区域建筑密度大、容积率高、人口毛密度大，而且又处在市中心，热量不易散失，导致热量积累比较严重。其中水域附近温度在25℃以下，主要是由于水体蒸发，降低其附近区域温度。在绿地附近，由于植物大量吸收太阳辐射热，温度普遍在26℃左右。

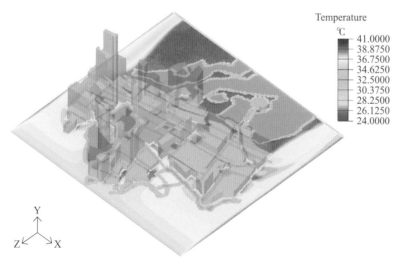

图7-7　温度模拟分布图

资料来源：江苏省城市规划设计研究院.苏州工业园区总体规划实施评估与优化，2010.

5）优化建议

基于以上对规划影响城市热岛相关要素的分析以及对园区原规划的模拟分析，从降低热岛效应的角度对园区原规划方案提出优化建议。

（1）生态廊道

模拟分析显示，原规划的生态廊道结构起到了较好的通风降温效果，因此，优化方案保留原规划生态廊道的主体框架，并基于现状及规划用地调整，分析每条廊道预控的可行性，在原有的框架结构上进行局部调整（图7-8）。

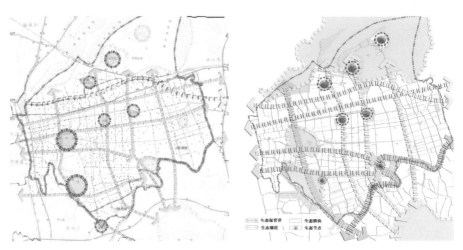

图7-8　园区生态廊道原规划图与优化图

资料来源：江苏省城市规划设计研究院. 苏州工业园区总体规划实施评估与优化，2010.

（2）建筑布局

建筑物对气流具有阻挡作用，影响气流在城市的流通，不利于热量的扩散。在规划中，通过城市设计的手段对城市建筑高度和建筑密度的分布进行合理引导，在不影响城市用地总体结构布局、不影响土地开发综合经济性的情况下，尽可能调整北部地区的建筑高度和建筑密度。

（3）绿化

园区现状绿化量已处于很高的水平，人均公共绿地10.6m²、建成区绿化覆盖率45%，均已超过《国家生态园林城市》标准。扩大绿地面积有助于缓解城市热岛效应，但是在现有基础上继续提高，一方面不利于土地的集约利用，另一方面对于土地资源紧缺的苏州工业园区而言，并不现实。

此外，园区遥感影像的解译结果显示，园区现状乔灌草比例约为1:2:5，乔木比例偏低。根据相关研究，单位面积乔木的投资成本约为草坪的1/10、而生态效益为草坪的30倍。因此，结合园区的实际情况，在同等绿地面积情况下，提高乔木覆盖率及实施屋顶绿化，以缓解城市热岛效应的影响。

6）优化方案模拟

（1）模拟条件：保留原规划南北向通风廊道，提高乔木种植比例提高绿化覆盖率，中低层建筑屋面实施绿化。

（2）园区优化方案模拟与比较

优化方案的热舒适度及热岛效应较原规划有了明显改善（图7-9）。

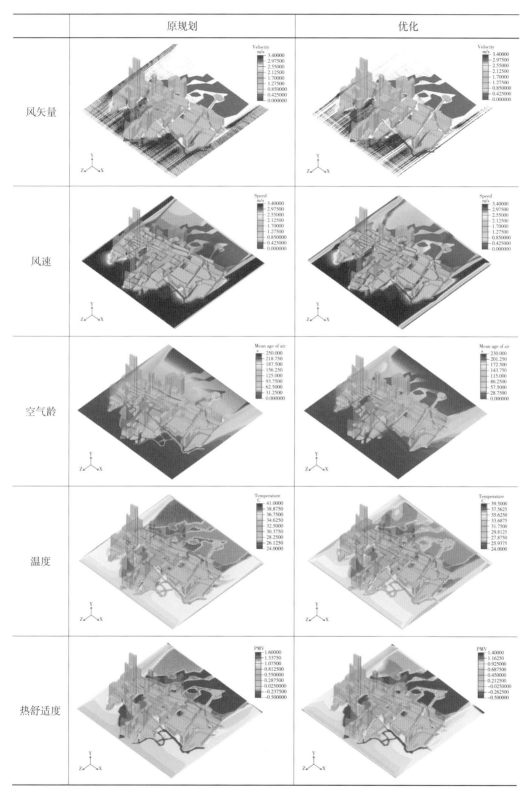

图 7-9 园区原规划与优化方案模拟对比图

资料来源：江苏省城市规划设计研究院．苏州工业园区总体规划实施评估与优化，2010．

（三）碳审核评价

采用IPCC（政府间气候变化专门委员会）的方法建立碳审核模型，把有关人类活动程度（活动数据，AD）与量化单位活动的排放量系数（排放因子，EF）结合起来。

化石能源燃烧产生的二氧化碳按式7-4、式7-5计算：

$$CO_2 排放量 = 化石燃料消耗量 \times CO_2 排放系数 \tag{7-4}$$

$$CO_2 排放系数 = 低位发热量 \times 碳排放因子 \times 碳氧化率 \times 碳转换系数 \tag{7-5}$$

将IPCC温室气体清单的各个类别进行重组，从而形成碳审核模型的8大板块，包括生态空间、工业、城镇建筑、农村建设、水资源、废弃物、交通和替代能源等碳审核子模型（图7-10）。

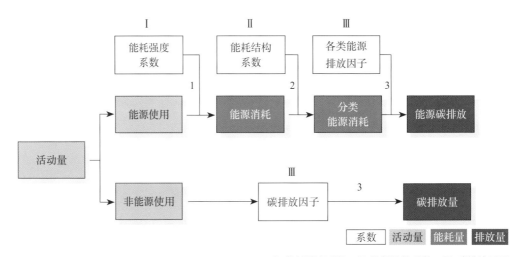

I. 能耗强度系数　II. 能耗结构系数　III. 碳排放因子
1. 能耗总量推导　2. 能耗结构推算　3. 碳排放推算

图7-10　碳审核模型框架

资料来源：江苏省城市规划设计研究院.《江苏省城镇体系规划 2012–2030》专题研究，2013.

三、研究述评

（一）存在问题

1. 城市用地多情景模拟方法

城市规划方案的用地规模、用地构成与未来经济、社会及环境变化密切相关，因此，长期以来，规划方案评价与比选以定性评价方法为主，无法对规划方案进行系统的、较为全面的比选和评价。

基于GIS的城市用地多情景模拟方法在定性评价的基础上增加了定量评估的因素，使得各方案能在一个评价标准上进行比较，相对于单纯的定性评价提高了城市用地布局方案制定的科学性。多情景模拟方法中采用耕地保护、生态敏感、潜在灾害等约束性指标作为评价标准，但未考虑规划用地方案对促进城市发展的积极作用，无法有效表达规划方案的全面意图。因此，此方法仍需进一步完善和提升。

2. 基于 CFD 的微气候效益评价方法

基于 CFD 的微气候效益评价方法在评价规划方案的风速、空气龄、温度等方面体现出较为明显的优势，但 CFD 软件一般应用于较小尺度，随着模拟尺度的增大，其边界条件将会发生较大变化，将会影响模拟结果的精度。CFD 软件模拟过程需要输入大量参数，由于缺乏研究对象的基础资料，很多参数的设定存在一定的主观性，这也增大了模拟结果的不确定性。

3. 碳审核模型评价方法

碳审核模型包括生态空间、城镇建筑、工业、农村建设、水资源、废物资源、交通和替代能源等 8 个板块，IPCC 的《国家温室气体清单指南》（2006）中则只包括能源、工业过程及产品使用、农业林业及其他土地利用、废弃物等 4 部分。从组成结构来看，该模型中城镇建筑、农村建设及替代能源对应 IPCC 的能源部分，工业对应工业过程及产品使用，生态空间对应农业林业及其他土地利用，废物资源和水资源对应废弃物，基本涵盖了 IPCC 的4 部分内容，测算方法基本合理。但是，与 IPCC 提供的计算方法相比，该方法中的工业及土地利用板块数据不全面，未包括湿地、农田及工业生产中的玻璃、造纸等主要温室气体排放领域；此外，在碳清除部分也未计算城市绿化中的灌木和草地的碳清除量。

（二）深化研究方向

规划方案的定量评价方法相对于定性评估具有较高的科学性，但城市规划方案的评价应是对未来城市发展结果的预测，因其受多种因素的影响，很难对规划方案实施较为全面的评价。因此，聚焦规划方案在某个或几个方面的效果有助于量化评价方法的进行。目前的规划用地多情景模拟方法仅考虑了对生态敏感及潜在危害的评价，今后应重点考虑规划方案在促进城市发展方面优选评价指标。采用 CFD 软件对规划方案从微气候的角度实施评价，但对软件的应用还需重点考虑因尺度变化而引起的参数值设定的变化，可通过增加对用地现状的 CFD 模拟，通过增加实际观测值来对参数的设定进行校核，同时应优化方案边界条件的设置，提高规划方案模拟的精度。对于碳审核方法中计算板块的缺少部分、重复计算部分等需进一步完善，形成较为完整的碳排放测算机制。此外，规划方案的定量评价方法还应关注固碳、吸收二氧化硫、滞尘等污染物减排方面的效益分析，以优选污染物减排能力较强的规划方案。

后　记

　　本书从 2011 年笔者所著《低碳生态与城乡规划》一书出版后开始酝酿并起草，承接先前的研究框架，重点选择"低碳生态城乡规划技术方法"这一领域，希望通过对技术方法的深入探讨，充实并完善低碳生态城乡规划的研究内容。本书借鉴了国内外专家的低碳生态城乡规划技术方法的研究成果和观点，在此一并表示感谢！另外，美国能源基金会北京办事处对本书的研究工作提供了资助，在此亦表谢忱！

作者

2016 年 8 月

参考文献

[1] 唐震.低碳生态城市建设的中国传统理论溯源与现代启示 [J]. 城市发展研究，2014（11）：106-110.

[2] 王珍珍，王旭.新制度经济学视角下中国低碳城市发展的困境解析 [J]. 现代城市研究，2014（7）：74-80.

[3] 叶祖达.低碳生态控制性详细规划的成本效益分析 [J]. 城市发展研究，2012，19（01）：58-58.

[4] 胡晓康.居住区规划中的低碳理念 [D]. 河北农业大学硕士论文，2012.

[5] 李信仕等.基于低碳城市理念下的绿地系统规划研究策略——以沈阳市为例 [J]. 城市发展研究.2012（3）：10-16.

[6] 苏镜荣等.昆明呈贡低碳示范区交通规划实践，2012规划年会论文.

[7] 华海荣等.DCS在低碳能源规划中的应用，2012规划年会论文.

[8] 郑宸.基于美国 Green Zoning 的厦门市低碳土地出让规划条件研究 [D]. 厦门大学，2014.

[9] 王颖等.中外城市增长边界研究进展 [J]. 国际城市规划，2014（1）：1-10.

[10] 张润朋，周春山.美国城市增长边界研究进展与述评 [J]. 规划师，2010（11）：89-96.

[11] 俞田颖等.中国城市增长边界研究现状与发展建议 [J]. 湖南农机，2012（9）：160-161.

[12] 吴箐，钟式玉.城市增长边界研究进展及其中国化探析 [J]. 热带地理，2012（4）：409-415.

[13] 伍佳，吕斌.土地消费内生化的城市增长模型及最优城市增长边界 [J]. 城市发展研究，2014（5）：61-66.

[14] 李一曼等.长春城市蔓延测度与治理对策研究 [J]. 地域研究与开发，2013（2）：68-72.

[15] 张振广，张尚武.空间结构导向下城市增长边界划定理念与方法探索——基于杭州市的案例研究 [J]. 城市规划学刊，2013（4）：33-41.

[16] 徐康等.基于水文效应的城市增长边界的确定——以镇江新民洲为例 [J]. 地理科学，2013（8）：979-985.

[17] 周锐等.基于生态安全格局的城市增长边界划定——以平顶山新区为例 [J]. 城市规划学刊，2014（4）：57-63.

[18] 王一川."海绵城市"应作为城市给排水建设的重要内容 [J]. 江西建材，2015（5）：43-44.

[19] 王文亮等.海绵城市建设要点简析 [J]. 建设科技，2015（1）：19-21.

[20] 车伍等.我国排水防涝及海绵城市建设中若干问题分析 [J]. 建设科技，2015（1）：22-25.

[21] 任超等.城市通风廊道研究及其规划应用 [J]. 城市规划学刊，2014（3）：52-60.

[22] 赵红斌，刘晖.盆地城市通风廊道营建方法研究——以西安市为例 [J]. 中国园林，2014（11）：32-35.

[23] 梁颢严等.城市通风廊道规划与控制方法研究——以《广州市白云新城北部延伸区控制性详细规划》为例 [J]. 风景园林，2014（5）：92-96.

[24] 席宏正等.夏热冬冷地区城市自然通风廊道营造模式研究——以长沙为例 [J]. 华中建筑，2010（6）：106-107.

[25] 莫争春.城市如何拥抱大数据时代 [J].中国房地产业，2014（12）：26-27.

[26] 邓贤峰，桑菁华.基于大数据的智慧城市环境气候图 [J].上海城市管理，2014（4）：33-36.

[27] 赵鹏军，李铠.大数据方法对于缓解城市交通拥堵的作用的理论分析 [J].现代城市研究，2014（10）：25-30.

[28] 杨京平.生态工程学导论 [M].北京：化学工业出版社，2005，4.

[29] 张泉等.低碳生态与城乡规划 [M].北京：中国建筑工业出版社，2011，3.

[30]（奥地利）陶在朴.生态包袱与生态足迹 [M].北京：经济科学出版，2003.

[31] 景跃军，陈英姿.关于资源承载力的研究综述及思考，中国人口·资源与环境.2006，16（5）：11-14.

[32] Hardin G. Cultural Capacity：A Biological Approach to Human Problems [J]. Bioscience，1986，36（9）：599-604.

[33] Park，R F&Burgess，E W. An Introduction to the Science of Sociology[M]. Chicogo，1921.

[34] 梅多斯.增长的极限 [M].于树生译.北京：商务印书馆，1984.

[35] Ree WE. Ecological Footprint and Appropriated Carrying Capacity：What Urban Economics Leaves Out [J]. Environment and Urbanization，1992，4（2）：121-130.

[36] Wackernagel M& Rees WE. Our Ecological Footprint：Reducing Human Impact on the Earth[M]. New Society Publishers，1996.

[37] Ree WE. Revisiting carrying capacity：Area-based indicatorsof sustainability [J].Population and Environment，1996，17（3）：195-218.

[38] Lenzen M，Murray SA. A modified ecological footprint method and its application to Australia[J]. Ecological Economics，2001，37（2）：229–255.

[39] Wackernagel M，Monfreda C，Erb KH et al. Ecological footprint time series of Austria，the Philippines，and South Korea for 1961–1999：comparing the conventional approach to an 'actual land area' approach[J]. Land Use Policy，2004，21（3）：261–269.

[40] Moore J，Kissinger M，Rees WE. An urban metabolism and ecological footprint assessment of Metro Vancouver[J]. Journal of environmental management，2013，（124）：51-61.

[41] 王学军.地理环境人口承载潜力及其区际差异 [J].地理科学，1992，12（4）：322-327.

[42] 刘殿生.资源与环境综合承载力分析 [J].环境科学研究，1995，8（5）：7-12.

[43] 毛汉英，余丹林.环渤海地区区域承载力研究 [J].地理学报，2001，56（3）：363-371.

[44] 赖力，黄贤金.全国土地利用总体规划目标与生态足迹评价研究 [J].农业工程学报，2005，21（2）：66-71.

[45] 刘某承，王斌，李文华.基于生态足迹模型的中国未来发展情景分析 [J].资源科学，2010，32（1）：163-170.

[46] 何蓓蓓，梅艳.江苏省生态足迹与经济增长关系的实证研究 [J].资源科学，2009，31（11）：1973-1981.

[47] 吕红亮，许顺才，林纪.抚顺市可持续发展的生态足迹多维分析 [J].资源科学，2007，29（5）：22-27.

[48] 熊春梅，杨立中，贺玉龙.基于生态足迹的西南山区资源可持续利用研究——以黔东南苗族侗族自治州为例 [J].中国人口·资源与环境，2009，19（5）：58-63.

[49] 胡世辉，章力建.基于生态足迹的西藏自然保护区生态承载力分析 ——以工布自然保护区为例 [J].资源科学，2010，32（1）：171-176.

[50] 丁宇，林姚宇，路旭.生态足迹模型在城市交通可持续发展评价中的应用及启示——以快速城市化地区深圳市为例 [J].城市规划学刊，2009，（6）：105-110.

[51] 白钰，曾辉，魏建兵.关于生态足迹分析若干理论与方法论问题的思考 [J].北京大学学报（自然科学版），2008，44（3）：493-500.

[52] 赵鹏军，彭建.城市土地高效集约化利用及其评价指标体系 [J].资源科学，2001，23（5）：25-26.

[53] 刘琼，欧名豪.城镇建设用地潜力形成机制及内涵分析 [J].南京农业大学学报（社会科学版），2007，7（2）：69-73.

[54] 刘鹏，关丽，罗晓燕.基于 GIS 的城市建设用地资源潜力评价初探 [J].地理与地理信息科学，2011，27（5）：69-73.

[55] Jun MJ. The effects of Portland's urban growth boundary on housing prices[J]. Journal of the American Planning Association，2006，72（2）：239-243.

[56] Robinson L，Newell J P，MarzhfffJ M. Twenty-five years of sprawl in the Seattle region growth [J]. Landscape and Urban Planning，2005，71（1）：51-72.

[57] 吴箐，钟式玉.城市增长边界研究进展及其中国化探析 [J].热带地理，2011，31（4）：409-415.

[58] 苏伟忠，杨桂山，陈爽等.城市增长边界分析方法研究——以长江三角洲常州市为例 [J].自然资源学报，2012，27（2）：322-331.

[59] Tayyebia A，Pijanowskia BC，Tayyebib AH. An urban growth boundary model using neural networks，GIS and radial parameterization：An application to Tehran，Iran[J]. Landscape and Urban Planning，2011，30（1/2）：35-44.

[60] 龙瀛，韩吴英，毛其智.利用约束性 CA 制定城市增长边界 [J].地理学报，2009，64（8）：999-1008.

[61] 丁成日.城市增长边界的理论模型 [J].规划师，2012，28（3）：5-11.

[62] 李咏华.生态视角下的城市增长边界划定方法——以杭州市为例 [J].城市规划，2011，35（12）：83-90.

[63] 黎明，李百战.重庆市都市圈水资源承载力分析与预测 [J].生态学报，2009，29（12）：6499-6505.

[64] Hill G A.The Ecological Basis For Land-Use Planning[R]. Research Report No.26，Department of Lands and Forests，1961.

[65] Lewis P. Quality Corridors for Wisconsin [J]. Landscape Architecture，1962（2）：100-107.

[66] McHarg I L.Design with Nature[M]. New York：John Wiley&Sons Inc，1969.

[67] Oke T.. Boudary Layer Climate（Second edition）[M]. New York：Routledge，1987.

[68] 刘刚等.XML 与动态指标管理在土地适宜性评价中的应用 [J].测绘工程，2011，20（1）：63-66.

[69] 王世东等.基于极限综合评价法的土地复垦适宜性评价研究与实践 [J].测绘科学,2012,37（1）:
67-70.

[70] 焦胜等.景观连通性理论在城市土地适宜性评价与优化方法中的应用 [J].地理研究,2013,32
（4）:720-730.

[71] 孟庆林,李琼.城市微气候国际（地区）合作研究的进展与展望 [J].南方建筑,2010（1）:4-7.

[72] 刘加平.城市物理环境 [M].北京:中国建筑出版社,2011.

[73] 丁沃沃等.城市形态与城市微气候的关联性研究 [J].建筑学报,2012（7）:16-21.

[74] 江苏省城市规划设计研究院.江阴市城市总体规划（2011—2030 年）,2011.

[75] Fang Zhao，Soon Chung. A study of Alternative Land Use Forecasting Models[R]. 2006.

[76] 戴晓晖.新城市主义的区域发展模式——Peter Calthorpe 的《下一代美国大都市地区:生态、
社区和美国之梦》读后感 [J].城市规划学刊,2000（5）:77-108.

[77] Cervero R，Kockelman K. Travel Demand and the 3Ds：Density，Diversity，and Design[J].
Transportation Research D，1997，2（3）:199-219.

[78] 潘海啸,任春洋.轨道交通与城市公共活动中心体系的空间耦合关系 [J].城市规划学刊,2005
（4）:76-82.

[79] 王伊丽等.TOD 交通走廊规划与开发模式研究 [J].交通运输工程与信息学报,2008（3）:115-120.

[80] 张晓春等.深圳市 TOD 框架体系及规划策略 [J].城市交通,2011（3）:37-44.

[81] 季晓丹.上海老城厢空间的身体理论解读 [D].苏州大学,2013.

[82] 彼得·卡尔索普,杨保军,张泉等著.TOD 在中国——面向低碳城市的土地使用与交通规划设
计指南 [M].北京:中国建筑工业出版社,2014.

[83] 王轩轩,张翔,许险峰.可持续发展的小街区模式优势与规划设计原则探讨 [A].//2008 中国城
市规划年会论文集 [C],2008.

[84] 管红毅.城市自行车交通系统研究 [D].西南交通大学,2004.

[85] 徐华海,程世丹.以步行网络为基础的城市复兴策略研究 [J].华中建筑,2009（6）:63-65.

[86] 江苏省城市规划设计研究院.昆山市中心城区核心区控制性详细规划,2011.

[87] 韩双.慢行交通稳静化设计适应性研究 [D].长沙理工大学,2012.

[88] 江苏省城市规划设计研究院.无锡生态城示范区控制性详细规划,2010.

[89] 方创琳,祁魏锋.紧凑城市理念与测度研究进展及思考 [J].城市规划学刊,2007（4）:65-73.

[90] 韦亚平,赵民等.紧凑型城镇发展的土地利用模式研究 [R].建设部《长江三角洲城镇群规划》
专题研究,2006（4）.

[91] 韦亚平,赵民,肖莹光.广州市多中心有序的紧凑型空间系统 [J].城市规划学刊,2006（4）:
41-46.

[92] 陈逸敏等.基于 MCE-CA 的东莞市紧凑城市形态模拟 [J].中山大学学报,2010（6）:110-114.

[93] 林红,李军.出行空间分布与土地利用混合程度关系研究——以广州中心片区为例 [J].城市规
划,2008（9）:53-56.

[94] 孙栋斌,潘鑫,宁越敏.上海市就业与居住空间均衡对交通出行的影响分析 [J].城市规划学刊,
2008（1）:77-82.

[95]　江苏省城市规划设计研究院 . 苏州工业园区总体规划实施评估与优化，2010.

[96]　丁沃沃，胡友培，窦平平 . 城市形态与城市微气候的关联性研究 [J]. 建筑学报，2012（7）：16-21.

[97]　Cohen-Rosenthal，Ed ad Tad McGalliard Designing Eco-lndustrial Parks：The US Experience Industry and Environment. UNCP，1993，19（4）：14-18.

[98]　President's Council on Sustainable Development. Eco-Industrial Park Workshop Proceedings[Z]. Washington DC，1996（10）：17-18.

[99]　Cote R P，Hall J. Industrial Parks as Ecosystems[J].Jouney of Cleaner Production，1995，3（1-2）：41-46.

[100]　Lower E A.Creating By-Product Resource Exchanges：Strategies for Eco-Industrial Parks[J].Jouney of Cleaner Production，1997，5（1-2）：57-65.

[101]　谢华生等 . 生态工业园的理论与实践 [M]. 北京：中国环境科学出版社，2011.

[102]　Fichtner W，Tietze-Stockinger I，Rentz O. On Industrial Symbiosis Networks an Their Classification[J]. Progress in Indutrial Ecology，An International Journal，2004，1（1-3）.

[103]　Ewa Liwarska-Bizukojca，et al. The Conceptual Model of an Eco-Industrial Park Based upon Ecological Relationships [J].Journal of Cleaner Production，2009，17（8）：732-741.

[104]　R.R. Heeres. Eco-industrial park initiatives in the USA andthe Netherlands：first lessons[J]. Journal of Cleaner Production，2004 ，（12）：985 – 995.

[105]　柯金虎 . 生态工业园规划及其案例分析 [J]. 规划师，2002（12）.

[106]　吴峰等 . 生态工业园规划设计与实施 [J]. 环境科学学报，2002（6）.

[107]　段宁，邓华 . 我国生态工业园区稳定性调研报告 [R].环境保护，2005，12：66-69.

[108]　慈福义 . 区域循环型工业发展与布局研究 [D]. 中山大学 2006 年博士论文 .

[109]　陆佳 . 循环经济理念下的生态工业园规划实践 [J]. 城市规划学刊，2007（3）.

[110]　贾丽艳等 . 循环经济在生态工业园区建设中的实际应用——以沈阳西部工业走廊为例 [J]. 环境管理与科学，2008（1）.

[111]　柳翘，李启军 . 循环经济理念在城市空间规划编制中的实践——以台州湾循环经济产业集聚区总体规划为例 [J]. 中外建筑，2012（7）.

[112]　李仁旺 . 基于循环经济理论的产业园区规划控制研究——以济源市金利产业园控规为例 [D]. 中南大学 2012 年硕士论文 .

[113]　金涌等 . 资源、能源、环境、社会——循环经济科学工程原理 [M]. 化学工业出版社，2009.

[114]　郭素荣 . 生态工业园建设的物质与能量集成 [D]. 同济大学 2006 年博士论文 .

[115]　胡上春 . 生态工业园区空间布局模式研究 [D]. 重庆大学 2007 年硕士论文 .

[116]　贺正楚，文希 . 新兴生态工业园区主导产业的选择 [J]. 求索，2010（10）.

[117]　许景，袁锦富，赵毅 . 江阴市工业布局调整研究 [J]. 规划师，2013（4）.

[118]　向蓉美 . 投入产出法 [M]. 成都：西南财经大学出版社，2007.

[119]　张玲，袁增伟，毕军 . 物质流分析方法及其研究进展 [J]. 生态学报，2009（11）：6189-6198.

[120]　Guin e J B，van den Bergh J C JM，et al. Evaluation of risks of metal flows and accumulation in

economy and environment. Ecological Economics，1999，30：47-65.

[121] Shinichiro Nakamura. The Waste Input-Output Approach to Materials Flow Analysis[J].Journal of Industrial Ecology，2007，11.

[122] 贺正楚，文希 . 新兴生态工业园区主导产业的选择 [J]. 求索，2010（10）.

[123] 赵兴，史宝忠 . 生态工业园发展现状综述 [C]. 乌鲁木齐：大气环境科学研究进展，第九届全国大气环境学术会议论文集，2002：531- 537.

[124] 方晓辉，万玉秋 . 我国虚拟生态工业园的发展及前景展望 . 环境保护科学 [J].2007（2）：46.

[125] 胡上春 . 基于循环产业链组织方式的工业园区空间布局 [J]. 四川建筑 [J].2012（6）：5.

[126] 张金屯 . 应用生态学 [M]. 北京：科学出版社，2003.

[127] R. R. Heeres. Eco- industrial park initiatives in the USA and the Netherlands：first lessons [J] . Journal of C leaner Production，2004（12）：985- 995.

[128] 方晓辉，万玉秋 . 我国虚拟生态工业园的发展及前景展望 [J]. 环境保护科学，2007（2）：45-47.

[129] Rees W.E. Ecological footprint and appropriated carrying capacity：what urban economics leaves out [J]. Environmental and Urbannization，1992，4（2）：121-130.

[130] Wackemagel M，Rees W E. Our Ecological Footprint：Reducing Human Impact on the Earth [M]. Gabriola Island：New Society Publishers，1996.

[131] 马克·A·贝内迪克特，爱德华·T·麦克马洪 . 绿色基础设施 - 连接景观与社区 [M]. 黄丽玲等译 . 北京：中国建筑工业出版社，2010.

[132] 谢高地等 . 青藏高原生态资产的价值评估 [J]. 自然资源学报，2003，18（2）：189-195.

[133] 董雅文，周雯，周岚等 . 城市化地区生态防护研究——以江苏省南京市为例 [J]. 现代城市研究，1999，（2）：6-8.

[134] 唐运平，张征云，孙贻超 . 天津市生态用地需求预测与布局规划 [J]. 中国科技成果，2008，11：4-11.

[135] 张林波，李伟涛，王维 . 基于 GIS 的城市最小生态用地空间分析模型研究——以深圳市为例 [J]. 自然资源学报，2008，23（1）：69-78.

[136] 张颖，王群，李边疆等 . 应用碳氧平衡法测算生态用地需求量实证研究 [J]. 中国土地科学，2007，21（6）：23-28.

[137] 陈燕飞，胡海波 . 城市总体规划中的碳氧平衡分析 . 城市规划，2010，10：136-140.

[138] 林刚，肖劲松，杜鹏飞等 . 碳氧平衡理论在生态城市规划中的应用——以贵阳市为例 [J]. 动态（生态城市与绿色建筑），2010，4：63-66.

[139] 俞孔坚 . 生物保护的景观安全格局 [J]. 生态学报，1999，19（1）：8-15.

[140] 尹海伟，孔繁花，祈毅等 . 湖南省城市群生态网络构建与优化 [J]. 生态学报，2011，31（10）：2863-2874.

[141] 傅强，宋军，毛峰等 . 青岛市湿地生态网络评价与构建 [J]. 生态学报，2012，32（12）：3670-3680.

[142] 张蕾，苏里，汪景宽等 . 基于景观生态学的鞍山市生态网络构建生态学杂志，2014，33（5）：1337-1343.

[143] 王海珍,张利权.基于GIS景观格局和网络分析法的厦门本岛生态网络规划[J].植物生态学报,2005,29（1）:144-152.

[144] 郭宏斌、黄义雄、叶功富等.厦门城市生态功能网络评价及其优化研究[J].自然资源学报,2010,25（1）:71-79.

[145] 刘化吉,鲁敏,赵泉等.生态系统服务功能价值评估方法[J].三峡环境与生态,2011,33（4）:29-34.

[146] 杨志峰,徐琳瑜.城市生态规划学[M].北京:北京师范大学出版社,2008.

[147] 陈克龙、苏茂新、李双成等.西宁市城市生态系统健康评价[J].地理研究,2010,29（2）:214-222.

[148] 张晓琴,石培基.基于PSR模型的兰州城市生态系统健康评价研究[J].干旱区资源与环境,2010,24（3）:77-82.

[149] Costanza R, dAre R, deGroot R, et al. The value of the world's ecosystem services and natural capital[J]. Nature, 1997, 387（6630）: 253-260.

[150] 陈自新等.北京城市园林绿化生态效益的研究[J].中国园林,1998,1-6.

[151] 陈莉.应用CITYgreen模型评估深圳绿地净化空气与固碳释氧效益[J].生态学报,2009,29（1）:272-282.

[152] 张侃等.基于土地利用变化的杭州市绿地生态服务价值CITYgreen模型评价[J].应用生态学报,2006,17（10）:1918-1922.

[153] 彭立华等.Citygreen模型在南京城市绿地固碳与削减径流效益评估中的应用[J].应用生态学报,2007,18（6）:1293-1298.

[154] 秦贤宏、段学军、杨剑.基于GIS的城市用地布局多情景模拟与方案评价——以江苏省太仓市为例[J].地理学报,2010,65（9）:1121-1129.

[155] 余庄,张辉.城市规划CFD模拟设计的数字化研究[J].城市规划,2007,31（6）:52-55.

[156] Mochida A, Murakami S, Ojima T, et al. CFD analysis of mesoscale climate in the greater Tokyo area[J]. Journal of Wind Engineering, 1997,（67-68）: 459-477.

[157] Rajagopalan P, Wong NH, Cheong KWD. Microclimatic modeling of the urban thermal environment of Singapore to mitigate urban heat island[J]. Solar Energy, 2008, 82: 727-745.

[158] Chen H, Ooka R, Harayama K. Study on outdoor thermal environment of apartment block in Shenzhen, China with coupled simulation of convection, radiation and conduction[J]. Energy & Buildings, 2004, 36（12）: 1247-1258.